U0260143

"十三五"国家重点图书出版规划项目
中国特色畜禽遗传资源保护与利用丛书

秦 川 牛

昝林森 主编

中国农业出版社
北 京

图书在版编目（CIP）数据

秦川牛 / 昝林森主编．—北京：中国农业出版社，
2020.1
（中国特色畜禽遗传资源保护与利用丛书）
国家出版基金项目
ISBN 978-7-109-26551-6

Ⅰ.①秦… Ⅱ.①昝… Ⅲ.①牛—饲养管理 Ⅳ.
①S823

中国版本图书馆 CIP 数据核字（2020）第 023246 号

内容提要：本书结合秦川牛种质资源挖掘评价、保种选育、杂交改良、健康养殖及全产业链开发方面技术研究、示范推广等工作实践，重点从品种形成过程、特征特性、品种保护、选育改良、饲料营养、饲养管理、保健与疫病防控、牛场建设与环境控制、产品开发与品牌建设等方面，对我国地方良种黄牛代表性品种——秦川牛进行了比较系统的介绍，对其产业化开发工作做了比较全面的总结梳理。

中国农业出版社出版
地址：北京市朝阳区麦子店街 18 号楼
邮编：100125
责任编辑：张艳晶
版式设计：杨　婧　　责任校对：吴丽婷
印刷：北京通州皇家印刷厂
版次：2020 年 1 月第 1 版
印次：2020 年 1 月北京第 1 次印刷
发行：新华书店北京发行所
开本：720mm×960mm　1/16
印张：14
字数：242 千字
定价：98.00 元

本书编写人员

主　编　昝林森

副主编　辛亚平　田万强　林　清　赵春平　王洪宝

参　编　江中良　曹阳春　贾存灵　孙秀柱　王淑辉
梅楚刚　杨　帆　原积友　樊安平　王洪程
吴　森　王应海　曹　晖　张金川　薛　明
徐　杨

审　稿　张胜利

出版说明

我国是世界上畜禽遗传资源最为丰富的国家之一。多样化的地理生态环境、长期的自然选择和人工选育，造就了众多体型外貌各异、经济性状各具特色的畜禽遗传资源。入选《中国畜禽遗传资源志》的地方畜禽品种达 500 多个、自主培育品种达 100 多个，保护、利用好我国畜禽遗传资源是一项宏伟的事业。

国以农为本，农以种为先。习近平总书记高度重视种业的安全与发展问题，曾在多个场合反复强调，“要下决心把民族种业搞上去，抓紧培育具有自主知识产权的优良品种，从源头上保障国家粮食安全”。近年来，我国畜禽遗传资源保护与利用工作加快推进，成效斐然：完成了新中国成立以来第二次全国畜禽遗传资源调查；颁布实施了《中华人民共和国畜牧法》及配套规章；发布了国家级、省级畜禽遗传资源保护名录；资源保护条件能力建设不断提升，支持建设了一大批保种场、保护区和基因库；种质创制推陈出新，培育出一批生产性能优越、市场广泛认可的畜禽新品种和配套系，取得了显著的经济效益和社会效益，为畜牧业发展和农牧民脱贫增收作出了重要贡献。然而，目前我国系统、全面地介绍单一地方畜禽遗传资源的出版物极少，这与我国作为世界畜禽遗传资源大国的地位极不相称，不利于优良地方畜禽遗传资源的合理保护和科学开发利用，也不利于加快推进现代畜禽种业建设。

为普及对畜禽遗传资源保护与开发利用的技术指导，助力做大做强优势特色畜牧产业，抢占种质科技的战略制高点，在农业农村部种业管理司领导下，由全国畜牧总站策划、中国农业出版社出版了这套“中国特色畜禽遗传资源保护与利用丛书”。该丛书立足于全国畜禽遗传资源保护与利用工作的宏观布局，组织以国家畜禽遗传资源委员会专家、各地方畜禽品种保护与利用从业专家为主体的作者队伍，以每个畜禽品种作为独立分册，收集汇编了各品种在管、产、学、研、用等相关行业中积累形成的数据和资料，集中展现了畜禽遗传资源领域最新的科技知识、实践经验、技术进展与成果。该丛书覆盖面广、内容丰富、权威性高、实用性强，既可为加强畜禽遗传资源保护、促进资源开发利用、制定产业发展相关规划等提供科学依据，也可作为广大畜牧从业者、科研教学工作者的作业指导书和参考工具书，学术与实用价值兼备。

丛书编委会

2019 年 12 月

序言

我国是世界畜禽遗传资源大国，具有数量众多、各具特色的畜禽遗传资源。这些丰富的畜禽遗传资源是畜禽育种事业和畜牧业持续健康发展的物质基础，是国家食物安全和经济产业安全的重要保障。

随着经济社会的发展，人们对畜禽遗传资源认识的深入，特色畜禽遗传资源的保护与开发利用日益受到国家重视和全社会关注。切实做好畜禽遗传资源保护与利用，进一步发挥我国特色畜禽遗传资源在育种事业和畜牧业生产中的作用，还需要科学系统的技术支持。

“中国特色畜禽遗传资源保护与利用丛书”是一套系统总结、翔实阐述我国优良畜禽遗传资源的科技著作。丛书选取一批特性突出、研究深入、开发成效明显、对促进地方经济发展意义重大的地方畜禽品种和自主培育品种，以每个品种作为独立分册，系统全面地介绍了品种的历史渊源、特征特性、保种选育、营养需要、饲养管理、疫病防治、利用开发、品牌建设等内容，有些品种还附录了相关标准与技术规范、产业化开发模式等资料。丛书可为大专院校、科研单位和畜牧从业者提供有益学习和参考，对于进一步加强畜禽遗传资源保护，促进资源可持续利用，加快现代畜禽种业建设，助力特色畜牧业发展等都具有重要价值。

中国科学院院士
中国农业大学教授 吴常信

2019年12月

前言

秦川牛因产于陕西省关中地区八百里秦川而得名，肉役兼用，具有耐粗饲、抗逆性强、肉质好等优点，系我国地方良种黄牛代表性品种，是陕西及其与甘肃、宁夏毗邻地区发展肉牛产业的当家品种，以及供港活牛的首选品种，被誉为“国之瑰宝”，已被推广到全国20多个省（自治区、直辖市），在我国优质牛肉生产和改良低产黄牛方面发挥了重要作用。

改革开放以来，在各级政府和社会各界大力支持下，秦川牛的保种选育、杂交改良及产业化开发工作取得了明显成效，古老的地方品种焕发出勃勃生机，昔日专司农耕生产的“老黄牛”和“农家宝”一跃成为群众脱贫奔小康的“致富牛”和“摇钱树”，以及城乡居民餐桌上的美味佳肴，为发展区域经济和丰富人民生活作出了重要贡献。

为了全面介绍秦川牛保种选育、杂交改良及产业化开发工作经验，推广秦川牛健康养殖、标准化生产加工技术，服务秦川牛后续开发利用和优质肉牛生产，我们在总结本团队有关秦川牛保种选育、杂交改良和产业化开发工作，以及收集相关专家学者在秦川牛方面科研成果的基础上，编写了《秦川牛》一书。

全书共10章，包括品种形成过程、特征特性、品种保护、选育改良、常用饲料、饲养管理、保健与疫病防控、牛场建设与环境控制、产品开发与品牌建设等，内容丰富，资料翔实，通俗易懂，实用性强。适用于从事肉牛科研和生产管理者参考。

本书的编著出版，得到了农业农村部全国畜牧总站、国家肉牛牦牛产业技术体系和中国农业出版社的大力支持。由于时间仓促，加之编者水平有限，难免有不妥之处，请广大读者批评指正。

2019年6月

出版说明
序言
前言

目录

第一章
品种起源与形成过程

第一节　产区自然生态条件

一、品种原产地及目前分布范围

陕西省南北狭长，因地理、气候、历史、人文等截然不同，由南向北分为陕南、关中和陕北三大地区。秦川牛因产于陕西省关中地区八百里秦川而得名。关中地区（图1-1）包括关中平原（又称渭河平原）和渭北高原两部分，秦川牛主产于关中平原地区，主要分布在宝鸡、杨凌、咸阳、西安、渭南、铜川等地所属县区。另外，甘肃、宁夏与陕西关中西部毗邻地区也有饲养秦川牛的传统习惯。如今，秦川牛已被推广到全国20多个省（自治区、直辖市），用于改良低产黄牛，成效显著。据不完全统计，全国秦川牛及其杂交后代饲养量约450万头。

图1-1　秦川牛原产地——关中地区地理位置

目前，陕西省秦川牛及其杂交后代存栏约122万头，其中关中地区秦川牛存栏95万头左右，已经形成了陈仓、麟游、扶风、凤翔、岐山、眉县、杨陵、武功、乾县、永寿、淳化、旬邑、彬州、长武、周至、蓝

田、临渭、富平、蒲城、大荔、澄城、白水、合阳、耀州、印台25个秦川牛养殖基地县（市、区）。

二、产区自然生态条件

陕西关中地区气候温和，四季分明、风调雨顺、水草茂盛，盛产玉米、小麦等农作物，生态条件和地理环境优良，当地农民素有种植紫花苜蓿喂牛的习惯，是传统的秦川牛养殖区。

关中平原位于陕西省中部，介于秦岭和渭北北山之间，西起宝鸡，东至潼关，长约400 km，南北宽约100 km，海拔323～800 m。因在函谷关（亦称潼关）和大散关之间，古称“关中”，西窄东宽，号称“八百里秦川”。渭河横贯东西，渭河北岸支流较少。关中平原地处暖温带半湿润与半干旱气候的过渡地带，属大陆性季风气候，冬冷夏热、四季分明，气候温和，全年平均气温为9.9～15.8℃，绝对最高温度为40℃，最低温度－15℃。年均降水量500～700 mm，降水年际变化大，年内分配不均，多集中于8—9月，约占全年雨量的38%，3—4月雨量较少，约占10%。全年无霜期为130～220 d，早霜多在10月下旬，晚霜多在4月中旬。春夏多东南风，秋冬多西北风，一般是6级以下的小风。关中平原的土壤属淡栗钙土，耕层棕色，下有褐色土层。反应呈弱碱性，pH一般在7.5～8.0，碳酸钙含量达8%～9%。有机物因气候干燥，分解迅速，含量仅为0.8%～1.1%，平均为1%。土质黏重，为粉沙质壤土或壤质黏土。由于关中一带土层深厚，又属黏壤土质，土壤紧密，保水力高，加之碳酸钙的含量又颇丰富，所以关中平原的土壤是我国最肥沃的土壤之一，农业发展良好。关中一带的农作制，在塬上地区，一般是两年三熟，沿河地带是一年两熟。农作物的种类，一般以小麦为主，约占耕地面积60%，其次为玉米，约占25%。另外还种植豌豆、大麦、谷子、扁豆、高粱、绿豆、黑豆、糜子等杂粮和苜蓿等作物，并与小麦倒茬，以增进地力。农作物的收获量，依地形、地势、土质、气候、灌溉等条件而不同，相差颇大。大量农作物的副产品如小麦、玉米等秸秆可用作饲草、有机肥、燃料。

渭北高原位于关中地区北部，东西长约385 km，南北宽约275 km，地形比较复杂，除高原外，尚有丘陵分布。海拔500～1 500 m。气候变化较大，川、塬、山地各处不同。全年平均气温为15℃，绝对最高温度为37℃。全年降水量为 350～500 mm，且多集中在 7—9 月，蒸发量大，冬、春易发生旱情，是关中地区的“旱腰带”，故又称渭北旱原。但这里土地面积大，土层深厚，日照长，积温高，昼夜温差明显，无霜期 150～180 d，早霜多在 10 月中旬，晚霜多在 4 月下旬。区内主要有黑河、四郎河、江崖河、百子沟、三水河、金池沟、太峪河、漆水河、磨子河等。一般是一年一熟，以种植小麦为主，其他作物包括玉米、小杂粮和苜蓿等。

此外，与陕西毗邻的甘肃天水、平凉、庆阳及宁夏固原 4 个地市都有饲养秦川牛的习惯。其中，甘肃天水、平凉两市气候与陕西关中平原比较接近，甘肃庆阳和宁夏固原两市气候与陕西渭北高原比较接近，而且 4 个地市都既有山地地貌，也有宽谷与峡谷相间的盆地与河谷阶地，沟壑纵横，梁峁交错，系甘肃、宁夏两省区优质农畜产品生产基地。

第二节　产区社会经济变迁

一、社会经济情况

受地理条件、发展基础等因素影响，陕西关中、陕北、陕南三大区域经济发展存在一定差距。在陕西经济总量中关中地区一直占主导地位，居民收入水平的格局与经济水平一样，关中最高，陕北次之，陕南最低。近年来，陕西经济快速发展，实力不断增强，经济总量从 2010 年的 10 021.53 亿元提升至 2018 年的 24 438.32 亿元。

从三大区域产业结构差异看，关中一产占比较低，二、三产占比相对较为接近，三产占比居三大区域之首；陕南一产占比在三大区域中最高，二产支撑明显增强；陕北呈现显著的二产支撑特征，二产占比在三大区域中居第一位，一、三产占比相对较低。从三大区域居首位的产业看，关中和陕南均为制造业，陕北为采矿业；居第二位的，关中为建筑业，陕南为农林牧渔业，陕北为制造业，呈现较大的资源依赖特征。

2018 年，陕西全年生产总值 24 438.32 亿元，比上年增长 8.3%。其中，第一产业增加值 1 830.19 亿元，增长 3.2%，占生产总值的比重为 7.5%；第二产业增加值 12 157.48 亿元，增长 8.7%，占 49.7%；第三产业增加值 10 450.65 亿元，增长 8.8%，占 42.8%。人均生产总值 63 477 元，比上年增长 7.5%。全年农业增加值 1 380.77 亿元，比上年增长 3.1%；林业增加值

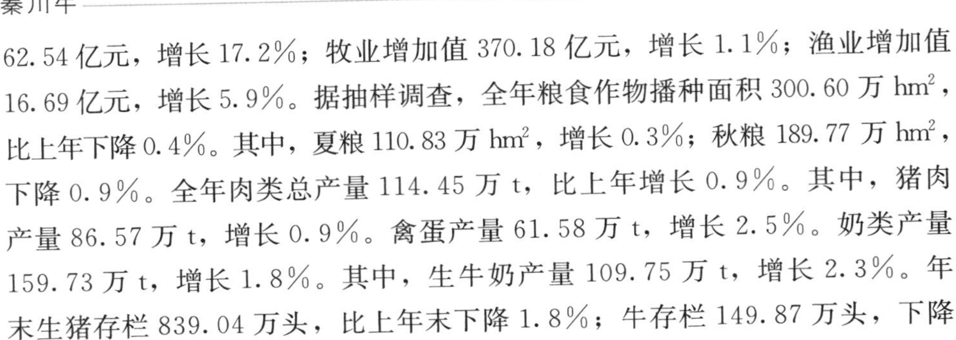

62.54亿元，增长17.2%；牧业增加值370.18亿元，增长1.1%；渔业增加值16.69亿元，增长5.9%。据抽样调查，全年粮食作物播种面积300.60万hm^2，比上年下降0.4%。其中，夏粮110.83万hm^2，增长0.3%；秋粮189.77万hm^2，下降0.9%。全年肉类总产量114.45万t，比上年增长0.9%。其中，猪肉产量86.57万t，增长0.9%。禽蛋产量61.58万t，增长2.5%。奶类产量159.73万t，增长1.8%。其中，生牛奶产量109.75万t，增长2.3%。年末生猪存栏839.04万头，比上年末下降1.8%；牛存栏149.87万头，下降0.9%；羊存栏866.76万只，下降0.2%；家禽存栏7 255.05万只，下降0.8%。

二、交通情况

作为古丝绸之路的起点和新欧亚大陆桥的重要枢纽，陕西交通基础设施发展较快。近年来，充分利用承东启西、连接南北的独特区位优势，把基础设施互联互通作为优先领域，建设通江达海、陆空联运、无缝衔接的对外开放大通道，加快形成便捷高效的立体化综合交通运输网络。

高速公路方面，据统计，截至2018年年底，全省高速公路通车里程达到5 475 km，全年在建规模超过1 600 km，通达全省93个县；铁路方面，自大西高铁开通以来，西安北站成为连接大西高铁、郑西高铁的交通枢纽，形成了以西安为中心，十分钟到咸阳、半小时到华山、一小时到宝鸡的“省内旅游圈”；两小时到郑州、三小时到太原、五小时到武汉、六小时到长沙、八小时到广州的“城际旅游圈”；航空方面，2018年西安咸阳国际机场国际年旅客吞吐量超过4 460万人次。目前，西安咸阳国际机场共有国内外通航城市211个，航线345条，已开通64条国际（地区）航线，联通全球29个国家，通航53个城市，西安咸阳国际机场初步构建起“丝路贯通、欧美直达、五洲相连”的国际网络格局。未来还将陆续开通至阿拉木图、罗马等城市的国际航线，充分发挥丝绸之路起始点的中转集散作用。

关中地区的铁路有陇海铁路、宝中铁路、宝成铁路、西延铁路、西康铁路、西铜铁路和西南（京）铁路；公路主要有西宝高速公路、西宝南线、西宝中线、西宝北线、西潼高速公路、西铜高速公路、西延公路、西康公路和西兰公路。关中城际铁路13条线路在建或已建，到2020年，将再建成四条线路，总长度近 500 km；到 2030 年，以西安为核心的关中城际铁路网线网规模达到 1 484 km，基本覆盖关中地区 5 市 1 区的 50 多个县区，届时时速达 200 km 左右的城际铁路将让沿线群众的出行更加方便快捷。所以关中地区的交通比较发达，对促进城乡物资交流和城乡经济发展将发挥重要作用。

三、主要畜产品及市场消费习惯

2018 年，陕西省猪肉产量 86.57 万 t，占肉类总量的 75.64%，占全国总量的 1.6%；而牛、羊、禽仅占 24.36%，占全国总量的 1.7%。从人均占有肉量来看，陕西省人均占有肉量为 27.2 kg，远低于全国人均占有肉量的 47.3 kg。全省奶类产量达 159.73 万 t，其中牛奶 109.75 万 t、羊奶 49.98 万 t。陕西省牛奶和羊奶产量分别居全国第 6 位和第 1 位，人均占有奶量 16.9 kg，明显高于全国平均水平（8.44 kg），居全国第九位，但与世界平均水平（93.46 kg）相比，特别是一些发达国家人均占有奶量 200 kg 以上相比，还有较大差距。

关中地区主要从事牛、羊、猪、禽等动物生产，畜产品加工业由肉、蛋、奶、皮毛及相关产品加工组成，加工业的发展与畜牧业的生产紧密相连。在城乡居民畜产品消费方面，陕南以猪肉、禽蛋、牛羊肉为主，关中以猪肉、禽蛋、牛羊肉和牛奶及其制品为主，陕北则以牛羊肉、猪肉、禽蛋为主。

另外，陕西传统小吃“牛肉泡馍”“羊肉泡馍”及“肉夹馍”享誉海内外，各地生产的不同风味的陕西腊牛肉、酱牛肉以及腊羊肉、腊驴肉等特色食品也久负盛名，深受消费者青睐。

第三节　品种形成的历史过程

一、秦川牛的形成

秦川牛的起源可追溯到公元前 8 000～6 000 年的新石器时代，其野生祖先可能就是短角型的亚洲原牛。亚洲原牛加入了少量野瘤牛的血液，被先人驯化为家牛。到春秋战国时代已出现了优秀的牛种——犊牛，毛色以红色为主。渭河流域是中国黄牛的发源地之一，也是秦川牛起源的地方，秦川牛的选育与演变起始于南北朝，形成于唐朝，而南北朝时期的犊牛正是秦川牛的祖先。

在漫长的历史长河中，有记载秦川牛的体型外貌特征的文献，1937 年沙风苞撰写的《陕西关中沿渭河一带畜牧初步调查报告》一文对秦川牛的体型外貌具体地进行描述过，当时不称为“秦川牛”，称为“平原牛”，1944 年宝鸡县柳林滩马场给农林部呈文时提到“关中素以产大型秦川黄牛著称”，那是有关“秦川黄牛”称谓的第一次出现。但真正在官方材料里确切提出“秦川牛”称谓的是在 1957 年的《秦川牛调查研究报告》中，因此“秦川牛”的命名应在 1957 年。

二、秦川牛肉用选育改良及其产业化开发

秦川牛的选育改良及产业化开发工作大致可分为四个阶段，选育过程中秦川牛的体型外貌发生了较大变化，见图 1－2。

20世纪40—50年代

20世纪60—70年代

20世纪80年代

20世纪90年代

秦川牛肉用新品系（公）

秦川牛肉用新品系（母）

图 1-2　不同时期秦川牛体型外貌比较

（一）第一阶段（20 世纪 50 年代中期至 70 年代中期）

1956 年，以邱怀为队长，由前西北畜牧兽医科学研究所、西北农学院、陕西省农业厅、畜牧局等单位组成的秦川牛调查队，分赴陕西关中的 7 个重点县进行了有史以来有关秦川牛最为系统的调查研究，基本掌握了秦川牛的分布情况、产区自然及经济概况、秦川牛形成因素、体型外貌特点、生产性能、繁殖情况、群众选种标准、饲养管理和使役等概况，为秦川牛以后的选育和改良工作提供了极其重要的科学依据。

1957 年 8 月发表于《西北农学院学报》第 03 期的《秦川牛调查研究报告》，全长 3 万余字，这篇文章被业界誉为有关秦川牛的开山之作，也奠定了邱怀先生早期关于秦川牛选育学术思想的根基。报告中详细记载了当时秦川牛的体貌特征："头大小适中，眼大，面平，口方大，鼻镜颇宽，一般呈肉色，角短而不尖，质细致，呈肉色，多向下方或向后稍弯""胸部宽深，背腰长短适中，一般都颇平直。荐骨部稍稍隆起，臀部长短适中，一般多为斜尻，毛色以红色及紫红色被毛为最多"。《调查报告》同时提到："新中国成立后全国有不少省区纷纷派人来陕西选购种牛，运回繁殖，并用以改良当地的黄牛，改良效果非常显著"。这份《调查报告》充分反映出 20 世纪 50 年代秦川牛研究的发展水平。

1957 年随着中国良种黄牛育种委员会的成立，陕西省也相应建立了省级秦川牛选育协作组，先后制定了秦川牛选育方案、鉴定方法、良种登记办法，并建立了畜群档案制度。

在此阶段，陕西省建立了 2 个秦川牛选育辅导站，并在中心产区建立了

13个良种基地县和5个省、县秦川牛场，重点进行选育。当时关中广大农村仍以秦川牛作为农耕的主要动力，故其选育方向仍然是役肉兼用。1964年制订了《陕西省秦川牛种畜企业标准》，次年由陕西省计量局正式发布实施。由于定期对种牛场和良种基地县的秦川牛开展外貌等级鉴定，秦川牛的选育工作逐渐纳入正轨。

（二）第二阶段（20世纪70年代中期至80年代初期）

由于农业机械化程度和人民生活水平的逐步提高，秦川牛作为农业生产的主要动力已退居次要地位。为此，1976年5月，邱怀教授以“陕西省秦川牛选育协作组”的名义起草了《秦川牛选育方案（初稿）》，在这之前，邱怀教授就提出秦川牛改良问题即“点上保种，面上改良”的观点。1979年修订、次年出版的《陕西省秦川牛种畜企业标准》中，在体尺等级标准评定表中增加了“坐骨端宽”，并以体重等级作为生产性能指标，改变秦川牛传统上以役用为主，体型外貌上普遍存在体躯前宽后窄、尻部尖斜、呈倒梯形的缺点。

1979年，农业部下达了“秦川牛选育和导入外血效果研究”重点课题，旨在克服秦川牛尻部尖斜、股部肌肉欠丰满、优质切块率不高等本品种选育短期内无法实现的问题。由此，秦川牛杂交改良工作拉开序幕。此阶段，根据不同地区、不同改良方向，在秦川牛非保种区，分别用黑白花、西门塔尔、短角、丹麦红等品种冻精大面积杂交改良本地黄牛，杂交牛初生重大、生长速度快，产肉性能和产奶性能也有较大程度提高，同时表现出良好的适应性，取得了明显的社会、经济、生态效益。“秦川牛选育和导入外血效果研究”项目因此荣获1993年陕西省政府科技进步奖一等奖和1995年国家科委科技进步奖三等奖。

此阶段，还对秦川牛高、中档牛肉生产技术规范进行了研究，在国内首次提出利用秦川牛及其杂交后代生产高档牛肉的技术规范，秦川牛产业化开发初具雏形，为全国高档牛肉生产提供了重要的参考资料。

（三）第三阶段（20世纪80年代初至90年代末）

这一阶段主要是在前阶段研究成果的基础上，将国际上用于奶牛业的育种先进技术移植于秦川牛的选种上，再次在主产区选出肉用体型表现突出的种公牛用冷冻精液人工授精技术，授配主产区大批母牛，为将来培育秦川肉用牛新品系创造条件；并结合加强选育、粗饲料加工调制以及向农村宣传科学养牛知识，并落实了繁殖奖励政策和开展良种登记工作、举办赛牛会等措施，从而使秦川牛的肉用体型有所改善，肉用性能指标又有所提高。

1991 年，北京市农林科学院综合研究所蒋洪茂等对中原黄牛四大品种（秦川牛、晋南牛、鲁西牛、南阳牛）在相同营养条件下进行育肥，屠宰试验结果表明：秦川牛等四个品种 27～28 月龄屠宰率均在 63%以上，已达到美国农业部优质肉牛的最高等级。27～28 月龄的 28 头秦川牛阉牛，其平均屠宰率、净肉率分别为 64.32%和 54.54%，肉骨比 6.74；秦川牛的三块高档牛肉（眼肉、牛柳、西冷）产出量较晋南牛、鲁西牛、南阳牛分别高出 2.33、8.16 和 14.64 个百分点，符合国内客商对大肉块的要求，位居四个品种之首；其瘦肉大理石花纹 1 级占 75%，2 级占 20%，3 级占 5%，经排酸处理后剪切值可降低 45%以上，超过进口牛肉。说明经过 30 多年的科学、系统选育，秦川牛已由役用型初步转变为肉用型，成为我国良种黄牛中的佼佼者。同时充分证明了邱怀教授提出的“点上保种，面上改良”学术思想的科学性。

（四）第四阶段（2000 年至今）

在这一阶段，昝林森教授率领的研究团队在各级政府的大力支持下，秉承邱怀先生的学术思想，进一步加大了秦川牛的肉用本品种选育和杂交改良及其产业化开发的力度，在前期工作的基础上选育出 1 个秦川牛肉用新品系，筛选了 3 个优势杂交组合，并且围绕良种选育、规范化饲养、饲料饲草生产加工、胴体评定与牛肉质量溯源等方面进行重点技术攻关和系统集成，形成了支撑该产业发展的关键技术体系。“秦川牛优质高效产业化配套技术体系研究”“秦川肉牛新品系选育及杂交改良关键技术研究与产业化示范”先后分别获得陕西省科学技术一等奖，“秦川肉牛标准化生产技术研究集成示范推广”和“秦川牛规范化饲养及牛肉质量跟踪与追溯体系建立与示范”两个研究成果分别获陕西省农业科技推广成果一等奖和农业部中华农业科技成果二等奖。中国科学院吴常信院士在为《秦川牛选育改良理论与实践》一书写序时，认为这些研究成果“为构建我国现代肉牛生产技术体系创出了一条产学研紧密结合的新路子，奠定和巩固了秦川牛在我国良种黄牛中的首要地位，也为我国其他地方黄牛的肉

用选育和产业化开发提供了示范样板。”

随着秦川牛产业化工程的启动，陕西省政府原省长程安东先后批示：“秦川牛应作为陕西的拳头产品”“发展秦川牛省政府早已下了决心，现在要加快产业化进度，尽早形成市场优势”，并指出要“让中华秦川牛走向世界”，这无疑给陕西秦川牛产业化开发提出更高的要求。此阶段，我们坚持走“选育原种、扩繁良种、推广杂交种、培育新品种”的秦川肉牛育种之路，不断建立和完善秦川肉牛良繁育种体系，以现代生物技术为主导构建的MOET育种方案、人工授精育种方案、群选群育开放式育种方案、MA-BLUP等，都有力地促进了秦川肉牛的选育改良工作。具体工作如下：

1. 揭示了秦川牛起源进化和遗传多样性　通过基因芯片、Y染色体微卫星和形态学等研究，发现中原黄牛品种同时具有普通牛和瘤牛两个不同类型的祖先血统，其中秦川牛、晋南牛、南阳牛和鲁西牛等中原黄牛群体中瘤牛的血统比例分别为29.0%、32.0%、66.0%和67.0%，说明秦川牛受瘤牛遗传影响最小，具有以普通牛血统为主的遗传背景。首次发现秦川牛存在T14L6与T13L7两种多脊椎现象，占群体5.41%，有利于其产肉性能的定向选育提高。利用15对微卫星标记对秦川牛进行了遗传多样性评定，其多态信息含量、杂合度、有效等位基因数分别为0.77、0.79和5.3，表明秦川牛群体遗传变异较大、近交程度较小、遗传多样性丰富，具有本品种选育提高的巨大潜力。

2. 建立了秦川牛产肉性能及肉质理化指标数据库　普查结果表明，秦川牛群体中肉用特征明显的个体占到3%～5%，与国内其他类型黄牛地方代表性品种相比，秦川牛具有肉用选育的良好潜质（表1-1）。通过大量试验研究，建立了秦川牛肉用性能及肉质理化指标等经济性状表型数据库，涵盖生长

表1-1　秦川牛与国内其他地方良种黄牛成年时期产肉性能比较

品种	屠宰率（%）	净肉率（%）	肉骨比	备注
秦川牛	56.8	48.6	5.8	中原黄牛
南阳牛	55.6	46.6	5.1	中原黄牛
蒙古牛	53.0	44.6	5.2	北方黄牛
温岭高峰牛	52.8	44.4	5.3	南方黄牛

数据来源：《中国家畜家禽品种志-中国牛品种志》，1988年04月，上海科学技术出版社。

发育、屠宰性能、血液生理生化、肉脂品质、风味物质共 13.1 万条信息，为秦川牛肉用本品种选育提供了科学依据。

3. 提出秦川牛遗传评估模型及遗传资源综合评价模式，创建了开放式四级保种选育扩繁模式　通过制定《秦川牛国家标准》，建立了秦川牛体型外貌评定标准；采用 MVC 开发模式和 B/S 模式创建了肉牛选育评估模型，对其父系血统进行 Y 染色体 STR 与 SNP 鉴定，确定其父系遗传背景，构建了秦川牛遗传资源综合评价模式，为秦川牛科学保种提供了依据。将活体保种与生物技术保种相结合，以秦川牛评价模式为依据，创立了秦川牛原种保护群、选育核心群、繁育基础群及遗传种质资源库相结合的开放式四级保种选育模式。

4. 进一步研究、优化了秦川牛育种体系　通过对秦川牛生长发育性能、繁殖性能、饲料营养等方面数据的分析，结合我国秦川牛的生产、育种、市场条件和对未来的发展趋势，确定了秦川牛的育种目标性状，包括生长发育性状、繁殖性状、胴体性状共计 9 个育种目标性状。以 MOET 育种方案、人工授精育种方案、群选群育开放式育种等为技术手段，采用动物模型最佳线性无偏估测法（Best Linear Unbiased Prediction，BLUP）等秦川肉牛种公牛育种值的测定方法，将常规育种技术与现代生物技术以及计算机技术结合起来，建立和完善了优质、高产、高效的肉牛良种开放核心群育种体系。

5. 坚持本品种选育，培育秦川肉牛新品系 1 个　通过群选群育开放式育种体系和超排移植（MOET）育种体系实施，建立了秦川肉牛 MOET 育种核心群，培育出了日增重达 0.9 kg 以上，适龄屠宰时体重达 500～600 kg 的秦川牛肉用新品系 1 个，核心群规模达 500 头以上，育种群达到 1 000 头以上。新品系在体高、体长、胸围及坐骨端宽等体尺指数方面均有较大幅度的提高，生长速度明显加快，各部位发育匀称，是理想的肉用体型。同时肉质也有较大程度的提高。

6. 创建了秦川牛良种快速扩繁技术体系　筛选并优化了牛新型冷冻精液稀释液，冻精活率平均 0.53%、顶体完整率平均 73.36%、质膜完整性 50.31%、畸形率降为 14.61%，人工授精受胎率 87.50%以上。同时，建立了同期发情、超数排卵及体外受精技术程序，完善了 MOET 繁育技术，体外受精囊胚率 32.1%，供、受体牛同期发情率平均 88.4%，供体牛头均可用胚

7.5 枚/次，冻胚、鲜胚移植成功率分别达到 45.3%（171/378）、55.2%（248/450）。

7. 开展杂交利用，筛选优势杂交组合 3 个　以秦川牛为母本，引进利木赞牛、夏洛来牛、西门塔尔牛、安格斯牛、皮埃蒙特牛、黑毛和牛、海福特牛等专用肉牛良种（冻精）作父本，通过杂交组合试验，筛选出“安秦”“和秦”“和安秦”3 个优势杂交组合，通过良种良法配套，杂交后代育肥出栏时间由 36 月龄缩短至 24 月龄，育肥期平均日增重 1.09 kg，出栏体重 650 kg 以上，屠宰率 63.79%，高档牛肉产率提高 10.03%，建立了优质肉牛杂交育肥技术体系。

8. 产学研紧密结合，建立了秦川牛产业化的主体技术体系　开展秦川牛优质高档牛肉生产技术的研发和推广，对物流过程、标识过程等进行技术处理，建立了产品信息数据库，保证提供准确、可靠、完整的产品质量信息，建立秦川牛生产加工全过程质量检测跟踪技术体系。创建了“公司＋专家＋农户”及“协会＋专家＋小区”的产、学、研紧密结合的一系列优质高效的秦川牛产业化生产模式。培育了一批产业化龙头企业及示范小区，包括 2 个国家级龙头企业、3 个省级龙头企业和 5 个秦川牛标准化示范基地，年加工和出栏肉牛 3.5 万头以上，年均改良低产肉牛 35 万头以上。研制开发了“乡党”“秦宝”“兆龙”3 个品牌系列高、中档牛肉制品和生鲜分割牛肉产品，远销海外，提升了这些龙头企业的核心竞争力和产品知名度，拉动了产业发展。

陕西秦宝牧业发展有限公司和陕西省秦川牛业有限公司，已经建立成为国内集秦川肉牛繁育、育肥、屠宰、牛肉分割、产品开发和市场营销为一体的具有集团性质的大型示范营运基地。两基地不断扩大规模，并在杨凌示范区建设了万头规模的秦川肉牛繁育场和育肥场各 1 个，产业集群和板块经济正在加速形成。

秦川牛选育改良与产业化开发工作经过半个多世纪的发展，经历了役肉兼用到肉役兼用的过程，目前正在朝肉用方向加速选育改良。在此过程中，秦川牛体型外貌和肉用生产性能得到了明显改善，体格普遍增大，膘肥体壮，结构匀称，紫红及红色被毛显著增加，成为供港活牛的首选品种。同时，通过政产学研密切合作，逐步建立起了“繁育场＋养殖场（企业）＋农户”，集科研、教学、高新技术和现代育种新技术以及大型繁育场、养殖场（企业）和农户为一体的，具有集团性特色的开放的肉牛良种繁育体系，探索出了“以品种改良为先导、以大户繁育为支撑、以龙头企业为引擎、以合作组织为纽带、以全产业链开发为目标”的生产模式，标志着秦川肉牛产业化开发进入了良性循环的高级发展阶段。

（昝林森、王洪程、梅楚刚）

第二章
品种特征和性能

第一节　品种特征

一、外貌特征

秦川牛体格高大，体质强健，头部方正，皮薄骨细，角短而钝，多向外下方或向后稍微弯曲。毛色有紫红、红、黄三种，以紫红和红色居多，占总数80%以上，少数为黄色。前躯较后躯壮硕，肩部长而斜，胸部宽且深，背腰平直宽广，荐骨隆起。后躯发育稍差，四肢粗壮结实，两前肢相距较宽，蹄叉紧。公牛头较大，颈粗短，垂皮发达，鬐甲高而宽。母牛头清秀，颈厚薄适中，鬐甲较低而薄。

二、生产性能

（一）肉用性能

在维持饲养标准的170%条件下，秦川牛12～24月龄日增重公牛1.0 kg左右，母牛0.8 kg左右；24月龄屠宰率公牛60%以上，母牛58%以上；净肉率公牛52%以上，母牛50%以上；眼肌面积公牛85 cm^2 以上，母牛70 cm^2 以上。肉质细嫩、多汁，剪切力值≤35.28 N。

（二）泌乳性能

在一般饲养条件下，1～2胎泌乳量700 kg以上；3胎以上泌乳量1 000 kg以上。乳脂率4.7%，乳蛋白质率4.0%。

（三）繁殖性能

母牛的初情期为 8～10 月龄，初配年龄 16～18 月龄。公牛 12 月龄性成熟，18 月龄开始配种。最适配种时间在发情后 18～27 h，为保证受胎率，适宜采用复配，两次配种间隔 8～12 h。妊娠期平均 285 d。

三、适应性

秦川牛具有耐粗饲、抗逆性强、适应性广等优点，曾被推广到全国不同生态气候区的 20 多个省（自治区、直辖市），或自繁自养，或改良当地低产黄牛，均表现出良好效果。

第二节　生物学习性

一、体征概况

健康成年秦川牛体温平均为 38.2℃，青年牛体温略高，6 月龄体温为 38.8～38.9℃，12 月龄体温约为 38.3℃，18 月龄以后体温稳定为成年牛体温。36～48 月龄体温略有下降，且总体维持在 37.8～38℃。不同季节因室外温度差异，成年牛体温略有不同，夏季最高时基本在 36.54℃，冬季最低维持在 34.16℃。

健康成年秦川牛呼吸维持在 18～19 次/min，青年牛呼吸略快，6 月龄呼吸约 28 次/min，12 月龄时降低为 22 次/min，18 月龄以后呼吸频率和成年牛基本相同，24 月龄以后，呼吸频率下降，48 月龄基本呼吸频率在 17 次/min。不同季节中，秦川牛呼吸频率略有不同。

健康成年秦川牛瘤胃蠕动 2.6～2.8 次/min，青年牛瘤胃蠕动较慢，6 月龄瘤胃蠕动 1.2～1.4 次/min，12 月龄时瘤胃发育逐步完善，蠕动 1.4～1.6 次/min，18 月龄瘤胃发育进一步完善，蠕动频率为 2～2.2 次/min，24 月龄瘤胃发育基本完善；随着年龄增长，秦川牛瘤胃蠕动略有增加，36～48 月龄瘤胃蠕动可达 3.4 次/min。

不同年龄、性别的秦川牛卧息反刍各不相同，初生牛犊每天卧息时间最长可达 320 min 以上。随着年龄增长，秦川牛卧息时间缩短，48 月龄卧息一次平均 179 min。反刍时间和卧息时间相反，随着年龄增加，反刍时间增长，但反

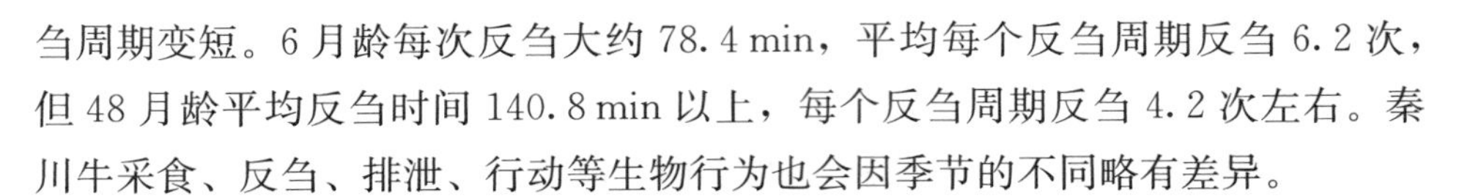

刍周期变短。6 月龄每次反刍大约 78.4 min，平均每个反刍周期反刍 6.2 次，但 48 月龄平均反刍时间 140.8 min 以上，每个反刍周期反刍 4.2 次左右。秦川牛采食、反刍、排泄、行动等生物行为也会因季节的不同略有差异。

二、血液生理生化指标

在秦川牛的生长发育过程中，血液生理生化指标是反映家畜营养满足程度、新陈代谢状况、体内外环境是否平衡、机体生长发育情况及生产性能的综合因素。

秦川牛血液指标中血清总蛋白、血清白蛋白和血清球蛋白含量随着年龄的增长，机体免疫功能逐步完善。6 月龄秦川牛血清总蛋白含量为 55.67～58.24 g/L，12 月龄以后基本保持在 60 g/L 以上。6～24 月龄秦川牛血清白蛋白含量基本维持在 33 g/L 左右，但血清球蛋白含量随着年龄的增长略有变化。6 月龄时秦川牛血清球蛋白为 22.04～23.92 g/L，12 月龄上升为 26.17～29.84 g/L，18 月龄时秦川牛血清球蛋白含量略微下降为 26.46～27.64 g/L，24 月龄秦川牛血清球蛋白含量继续下降，并维持在 25.54～26.24 g/L。

血液中的 Ca、P 等元素能反映机体骨骼沉积相关性能。6～24 月龄秦川牛血清 Na 水平基本维持在 137～147 mmol/L，血清 Ca 基本维持在 2.4～2.69 mmol/L水平，血清 P 维持在 2.3～2.53 mmol/L 水平。

血液中血糖水平、谷丙转氨酶、甘油三酯、尿素氮等指标反映了秦川牛的生理代谢的健康状况。6～24 月龄秦川牛血清葡萄糖基本维持在 4.78～5.41 mmol/L水平，谷丙转氨酶维持在 18.6～22.52U/L 水平，甘油三酯维持在 0.18～0.29 mmol/L 水平，血清尿素氮基本维持在 5.62～6.69 mmol/L 水平。

第三节　生长发育

一、生长特性

体重、体尺数据是衡量秦川牛生长发育状况的主要参数。秦川牛体重、体尺性状与年龄成正比，但增长速度呈 S 形曲线。从出生、断奶至 12 月龄期间，骨骼增长速度较快，体尺增加速度迅猛，且随着年龄增长，增长速度逐步加快；12 月龄后体尺增长速度减慢，18 月龄以后体尺增长速度逐渐进入平台期，但体重增长速度达到最大；2 岁以后体格骨架基本形成，3 岁以后增长速度基本不再变化。

公犊一般 3 月龄内阉割，公牛在生长发育过程中较同期的母牛、阉牛要快一些。

二、育肥性能

相关研究表明，在不同生长阶段，秦川牛公牛体重高于阉牛，阉牛高于母牛，而且体重在 12 月龄之后迅速增长。与前躯有关的体斜长、体高、腰高和胸围在 6～12 月龄发育明显，增长速度较快，12～18 月龄增长速度下降，18～24 月龄发育速度进一步下降；但相反，后躯中尻长、腰角宽、坐骨端宽在 12 月龄后发育速度加快，18 月龄以后发育速度进一步提高。说明秦川牛 12 月龄之前主要是前躯体长发育，12 月龄之后，特别是 18～24 月龄主要是后躯的丰满，并伴随体重的迅速增长，是重要的育肥阶段。

育肥期间，牛只保证饮水充足，采用全混合日粮饲喂，保证每头牛每天 5%～10%的剩料量，计算干物质采食量（DMI），分阶段（6～24 月龄），采用 3 个月为一个育肥周期计算平均日增重（ADG）和饲料报酬（DMI/ADG）。

秦川牛肉用新品系在 7～24 月龄的生长发育阶段，随着年龄的增加，日增重、饲料报酬有所上升，且在 12 月龄以后日增重上升明显（表 2－1）。不同类群的秦川牛日增重和饲料报酬不同，其中公牛日增重和饲料报酬最高，阉牛

表 2－1　秦川牛肉用新品系育肥期日增重（ADG）、干物质采食量（DMI）和饲料报酬（DMI/ADG）

类　群	7～9 月龄	10～12 月龄	13～15 月龄	16～18 月龄	19～21 月龄	22～24 月龄
公牛 ADG（kg）	0.72	0.71	1.08	1.12	1.01	0.93
公牛 DMI（kg）	4.72	5.71	7.78	9.09	10.20	11.03
公牛 DMI/ADG	6.56	8.04	7.20	8.12	10.10	11.86
阉牛 ADG（kg）	0.71	0.97	0.97	1.06	0.91	0.96
阉牛 DMI（kg）	4.68	6.34	7.46	8.88	9.85	11.01
阉牛 DMI/ADG	6.59	6.54	7.69	8.38	10.82	11.47
母牛 ADG（kg）	0.72	0.66	0.72	0.84	0.73	0.73
母牛 DMI（kg）	4.35	5.23	6.34	7.61	8.15	8.94
母牛 DMI/ADG	6.04	7.92	8.81	9.06	11.16	12.25

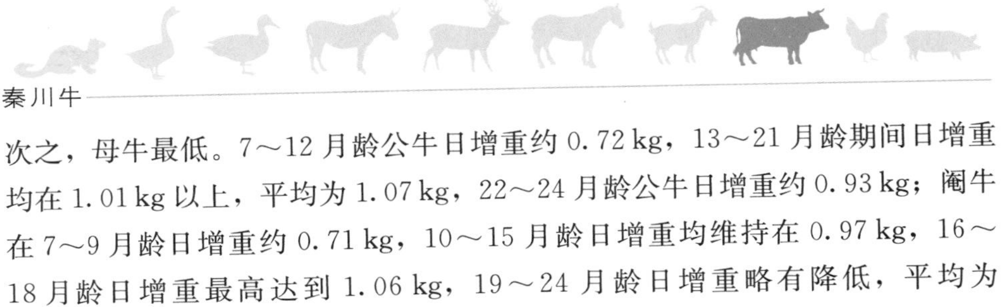

次之，母牛最低。7～12月龄公牛日增重约0.72kg，13～21月龄期间日增重均在1.01kg以上，平均为1.07kg，22～24月龄公牛日增重约0.93kg；阉牛在7～9月龄日增重约0.71kg，10～15月龄日增重均维持在0.97kg，16～18月龄日增重最高达到1.06kg，19～24月龄日增重略有降低，平均为0.94kg；母牛日增重相较于公牛和阉牛略低，7～15月龄基本维持在0.66～0.72kg，16～18月龄日增重最高达到0.84kg，19～24月龄日增重又降为0.73kg。但在饲料报酬方面，1岁以后的母牛饲料报酬最高，均高于同期公牛和阉牛。

三、屠宰性能

经过定向选育，秦川牛的肉用性能得到明显改善和提高。秦川牛肉用新品系（公牛）较传统秦川牛日增重提高了19.23%、出栏体重提高了21.92%、屠宰率提高了9.39%、净肉率提高了17.37%，屠宰率60%以上，净肉率50%以上，表现出了良好的产肉性能（表2-2）。

表2-2 秦川牛肉用新品系（公牛）与传统秦川牛主要生产性能比较

项　目	秦川牛肉用新品系	传统秦川牛	增幅（%）
24月龄体重（kg）	584.4 ± 9.46^{A}	479.22 ± 8.26^{B}	21.92
7～24月龄日增重（kg/d）	0.93 ± 0.05^{A}	0.78 ± 0.04^{B}	19.23
屠宰率（%）	61.06 ± 4.31^{A}	55.82 ± 4.95^{B}	9.39
净肉率（%）	53.52 ± 2.62^{A}	45.60 ± 2.51^{B}	17.37
牛肉剪切力（N）	31.16 ± 3.43^{a}	38.51 ± 1.76^{b}	−19.08

注：肩标不同小写字母表示差异显著（$P<0.05$），肩标不同大写字母表示差异极显著（$P<0.01$），肩标相同字母或无字母标注表示差异不显著（$P>0.05$）。全书表格中肩标注释同此。

四、肉质性状

秦川牛拥有良好的肉质性状，但公、母、阉牛的肉质性状略有不同。其中，母牛牛肉剪切力小于公牛和阉牛，公牛和阉牛剪切力基本持平；但阉牛牛肉失水率高于公牛和母牛，公、母牛牛肉失水率基本持平；公、母牛牛肉系水率基本持平，略低于阉牛；公、母、阉牛牛肉熟肉率基本一致（表2-3）。

在不同性别秦川牛的牛肉中均发现谷氨酸、天冬氨酸、亮氨酸、脯氨酸含量较高，含量最高的谷氨酸可达3.03%以上，胱氨酸含量最低，只有0.21%

左右，详见表 2 - 4。

表 2 - 3　秦川牛牛肉基本肉质性状

项目	月龄（月）	剪切力（N）	失水率（%）	系水率（%）	熟肉率（%）
公牛	24	31.56	27.92	62.03	66.22
阉牛	24	31.16	26.75	64.36	66.43
母牛	24	24.60	27.74	62.71	66.59

表 2 - 4　秦川牛牛肉氨基酸基本组成（%）

项目	24 月龄公牛	24 月龄阉牛	24 月龄母牛	20 月龄公牛
苏氨酸 Thr	1.00	1.02	0.95	1.01
缬氨酸 Val	0.98	1.04	0.94	1.00
蛋氨酸 Met	0.46	0.48	0.46	0.47
异亮氨酸 Ile	0.87	0.85	0.90	0.87
亮氨酸 Leu	1.54	1.58	1.53	1.51
苯丙氨酸 Phe	0.79	0.74	0.71	0.78
组氨酸 His	0.49	0.51	0.57	0.55
赖氨酸 Lys	0.67	0.64	0.60	0.49
天冬氨酸 Asp	1.78	1.81	1.79	1.83
谷氨酸 Glu	3.04	3.16	3.06	3.03
甘氨酸 Gly	0.89	0.83	0.89	0.87
丙氨酸 Ala	1.12	1.15	1.08	1.08
胱氨酸 Cys	0.21	0.26	0.28	0.23
丝氨酸 Ser	0.7	0.68	0.76	0.71
酪氨酸 Tyr	0.74	0.74	0.77	0.73
脯氨酸 Pro	1.61	1.63	1.66	1.64
精氨酸 Arg	1.33	1.27	1.29	1.31
总计	18.22	18.39	18.24	17.90

不同性别秦川牛的牛肉中脂肪酸含量略有不同，公牛牛肉饱和脂肪酸的相对含量略高于母牛和阉牛，阉牛最低；相反，阉牛牛肉中不饱和脂肪酸相对含量最高，高于公牛和母牛，公、母牛牛肉中不饱和脂肪酸相对含量基本持平。且随着年龄增长，24 月龄的秦川牛牛肉中不饱和脂肪酸含量高于 20 月龄的秦

川牛，详见表 2－5。

表 2－5　秦川牛肉脂肪酸基本组成

项　　目		24 月龄公牛	24 月龄阉牛	24 月龄母牛	20 月龄公牛
饱和脂肪酸	肉豆蔻酸	3.03	2.96	2.97	2.99
	棕榈酸	17.30	17.54	17.92	17.77
	硬脂酸	21.47	23.85	22.02	23.09
	花生酸	2.68	2.05	2.49	2.32
	饱和脂肪酸相对含量	45.26	41.43	45.19	49.35
不饱和脂肪酸	油酸	50.43	48.01	52.32	47.13
	亚油酸	2.09	1.96	1.94	2.11
	α－亚麻酸	1.4	1.51	1.40	1.41
	不饱和脂肪酸相对含量	54.74	58.57	54.81	50.65

第四节　品种标准

根据秦川牛特性特征和选育改良及产业化开发需要，现已制定有国家标准《秦川牛》（GB 5797—2003）、陕西省地方标准《秦川牛标准综合体》（DB61/T 354.1～15—2004）和国家标准《秦川牛及其杂交后代生产性能评定》（GB/T 37311—2019）。

一、国家标准《秦川牛》

现行的《秦川牛》国家标准（GB/T 5797—2003）是在第一版《秦川牛》国家标准（GB 5797—1986）基础上修订而成的。

该标准规定了秦川牛的品种特征、种牛等级鉴定、良种登记的基本要求。适用于秦川牛的品种鉴别和种牛等级鉴定。

二、陕西省标准《秦川牛标准综合体》

陕西省标准《秦川牛标准综合体》（DB61/T 354.1～15—2004）是根据生物有机体的综合性和系统工程原理，按照秦川牛的生产特点，将秦川牛研究的新成果、新技术和已制定、试用的标准、规范、规程及实用技术，运用系统分析的方法，综合组装配套为一个整体，统一应用于秦川牛的生产和产品经营、开发，内容全面，范围适宜，有关指标科学合理，具有较强的可操作性和实用性。

该标准综合体编写依据综合标准化工作导则原则与方法（GB/T 12366.1—1990）综合标准化工作导则，农业产品综合标准化一般要求（GB/T 12366.3—1990），综合标准化工作导则标准综合体规划编制方法（GB/T 12366.4—1991）进行。

该标准综合体编写工作具体是按照秦川牛标准综合体规划的要求分析综合、良种选育、生产要求（细分为饲养管理、饲料加工和疾病防治 3 个部分）及其产品等 4 个大的方面进行。

该标准综合体共采用和新制订标准 25 个。在起草过程中引用了 8 个现有的国家标准和行业标准，其中国家标准 2 个，行业标准 6 个；起草和修订了 17 个秦川牛的行业标准及技术规范。其中，“综合”部分制定了秦川牛标准综合体规划、秦川牛示范基地要求和秦川牛牛舍建设规范。“良种繁育”部分引用了新的秦川牛国家标准，制定了秦川牛档案管理技术规范、秦川牛繁殖技术规程和秦川牛及其杂交后代胴体评定标准。“生产要求”部分则分别从饲养管理、饲料加工、疾病防治三个方面进行了编写，其中，“饲养管理”部分引用了无公害食品肉牛饲养管理准则、秦川牛饲养管理技术规范、秦川牛育肥技术规范；“饲料加工”部分引用了无公害食品肉牛饲养饲料使用准则，制定了秦川牛青贮饲料调制和使用技术规范、秦川牛玉米秸秆微贮饲料制作技术规范、秦川牛秸秆氨化饲料调制技术规范以及秦川牛青干草调制和使用技术规范；“疾病防治”部分引用了无公害食品肉牛饲养兽药使用准则、无公害食品肉牛饲养兽医防疫准则和牛传染性鼻气管炎诊断技术，制定了秦川牛卫生管理疫病预防技术规范、秦川牛传染病防治技术规范和秦川牛寄生虫病防治技术规范。“产品”部分引用了无公害食品牛肉和鲜、冻分割牛肉，制定了秦川牛胴体生产与分割技术规范和腊牛肉加工技术操作规范。

三、国家标准《秦川牛及其杂交后代生产性能评定》

国家标准《秦川牛及其杂交后代生产性能评定》（GB/T 37311—2019）已经国家标准化管理委员会批准，于 2019 年 3 月 25 日发布，2019 年 10 月 1 日起正式实施。

该标准立足秦川牛及其杂交后代定向肉用选育改良和产业化开发实际需要，规定了秦川牛及其杂交后代的生长性能、体况和产肉性能评定的要求、方法及等级。

该标准研制成功并发布实施，在引导秦川牛肉用选育方向和提升杂交改良技术水平、提高其胴体重和牛肉品质、加快产业转型升级和品种更新换代、促进农民增收等方面具有重要意义。

（昝林森、吴森、梅楚刚）

第三章
品种保护与种质特性

第一节　保种概况

1964年，西北农学院、陕西省畜牧兽医总站、陕西省畜牧兽医研究所共同制定了《陕西省秦川牛种畜企业标准》，次年经由陕西省有关部门发布实施。1984年秦川牛开始采取保种场保护，1997年开始在全省建立了20个秦川牛开发基地县和5个省县两级秦川牛种牛场，在统一的选育标准指导下，各种牛场和良种基地县陆续开展秦川牛外貌等级鉴定工作，秦川牛的选育工作逐渐进入正轨。

一、保种县建设

陕西省秦川牛产区涉及全省8个地市30个县、市、区，其核心产区主要集中在陕西关中地区。关中地区气候温和，水草茂盛，盛产玉米、小麦等农作物，生态条件和地理环境优良，是传统的家畜养殖区，当地秦川牛养殖历史悠久。目前，秦川牛主要饲养在陕西关中的陈仓、麟游、扶风、凤翔、岐山、眉县、杨陵、武功、乾县、永寿、淳化、旬邑、彬州、长武、周至、蓝田、临渭、富平、蒲城、大荔、澄城、白水、合阳、耀州、印台等县（市、区）。

其中，扶风县是秦川牛的主要保种基地，拥有优良种质资源和良好的群众基础。早在1964年该县就被农业部批准列为秦川牛基地县。该县境内既有国家级秦川牛保种场——陕西省农牧良种场，秦川牛保种群规模稳定在200头以上；也建有标准化秦川牛繁育龙头企业——陕西秦川牛业有限公司和陕西省秦川肉牛良种繁育中心，并在全省率先创办了秦川肉牛科技示范园区、秦川牛科技专家大院和秦川牛产业协会。扶风县先后荣获国家级“秸秆养牛示范县”

“秦川肉牛产业开发基地县”等称号。

乾县是陕西省确定的畜牧养殖重点县，也是陕西省确定的秦川牛基地县，县上按照“区域发展，重点扶持”和保种、繁育并举的发展思路，在县北部地区重点发展秦川牛养殖，实行规模经营、科学管理，提高秦川牛养殖效益。县内有国家秦川牛保种场1个，冷配点20多个，生产繁育体系健全。全县秦川牛现存栏2.75万头，10头以上规模养殖户200多户，主要分布在注泔、峰阳、阳峪等8个乡镇，存栏量占全县秦川牛存栏总数的65%，秦川牛养殖主要以商品育肥为主。秦川牛年出栏8 000多头，向市场提供牛肉1 200余t，实现收入5 000多万元。秦川牛养殖年人均增加收入1 000多元，秦川牛养殖已成为乾县北部群众增收致富的支柱产业。

大荔县是国家秸秆养牛示范县和陕西省秦川肉牛养殖基地县，是联合国确定的绿色产业示范区。境内饲草资源丰富，畜牧服务体系健全，开发秦川肉牛产业潜力巨大。2002年5月，国家科技部等六部委正式批准该县建设全国唯一的以秦川牛为主导产业的畜牧专业园区——陕西渭南国家农业（秦川牛）科技示范园。园区分为核心区、示范区和辐射区。核心区遵循秦川牛产业化开发思路，一是通过良种繁育向规模养殖户和育肥牛场提供优质活畜产品（优质种牛、架子牛及淘汰牛）进入批发市场，或经过加工功能以加工产品的形式进入市场；二是通过草业开发和饲料加工向规模养殖户和育肥牛场提供优质牧草品种和技术，以及优质专用饲料，经过秦川牛的转化或直接以饲料进入市场。通过两大产品和两条路径促进了秦川肉牛的产业化开发。采取“企业+农户”和“小规模、大群体”经营模式，建立标准化养殖小区6个，入区农户600户，户均养牛20头以上，小区养殖规模达到10 000头。引导农民发展规模养殖，加快新技术应用，提高农民组织化程度。建立了秦川牛良种繁育中心，组建了存栏规模300头以上的特级和一级基础母牛核心群，通过本品种选育和导入外血两种手段，逐步提高秦川牛品质，在西北农林科技大学的指导下，积极参与秦川肉牛新品系的培育工作，以改进提高秦川牛群体质量。新、扩建肉牛育肥场2个，存栏规模3 000头，年育肥出栏肉牛1.5万头以上。发展工厂化育肥，提高养牛经济效益和增加高档优质牛肉市场供给。

1997年7月，经国务院批准，在陕西“杨凌农科城”成立了杨凌农业高新技术产业示范区，这是我国农科教统筹改革、产学研紧密结合的试验示范基地，地处中原腹地，区位优势明显，拥有良好的科技研发和示范条件。示范区内的西北农林科技大学在秦川牛研究方面基础雄厚，以邱怀教授为代表的一大批专家、学者、科研技术人员是秦川牛研究的先行者，对秦川牛的选育提高做了大量的工作，20 世纪 50 年代中期至 70 年代中期，系统地对秦川牛的分布情况、产区自然条件、经济概况、形成因素、体型外貌特点、生产性能、繁殖情况、选择标准、饲养管理等情况进行调查研究，开展了秦川牛种质特性的测定，制定了《陕西省秦川牛种畜企业标准》，但由于社会、经济等条件的因素，选育方向为役肉兼用型；70 年代中期至 80 年代中期，在原西北农学院（现更名为西北农林科技大学）倡导下，农业部和陕西省政府先后成立了“中国良种黄牛育种委员会”和“秦川牛选育协作组”，并在西北农学院成立了农业部黄牛研究室。科技人员研究制定了秦川牛的选育方案、鉴定办法、良种登记办法，以及《中华人民共和国国家标准——秦川牛》，开展了秦川牛遗传标记、保种方法、饲料调制、育肥增重等各项研究。

进入 21 世纪后，在国家相关部委和陕西省政府的大力支持下，西北农林科技大学昝林森教授牵头先后申请并获批建立了陕西省肉牛工程技术研究中心、陕西省现代牛业工程研究中心国家肉牛改良中心、现代牛业生物技术与应用国家地方联合工程研究中心等科研平台。同时，通过产学研合作，先后组建成立陕西秦川肉牛良种繁育中心、陕西秦川牛业有限公司、陕西秦宝牧业股份有限公司，并建立了杨凌现代牛业工程技术研究中心、杨凌秦川肉牛良繁中心和秦宝牛业工程研究中心，以及陕西秦川牛业、陕西秦宝牧业两家万头肉牛示范园，已成为我国肉牛改良和产业化开发的科学研究中心和技术集成示范中心。

二、保种场建设

从 1958 年开始，陕西省开始建立秦川牛繁育体系，在建立秦川牛良种基地县后，全省先后在扶风、周至、乾县、蒲城等县建立了秦川牛场，以加强对秦川牛的资源保护。发展至今，承担秦川牛保种任务的有陕西省秦川牛原种场、乾县秦川牛场、陕西省秦川肉牛良种繁育中心和陕西省家畜改良站等 4 个单位。

近几年，先后围绕秦川牛选育保种，国家财政投资 250 多万元进行了秦川牛原种场扩建工程建设，投资 500 多万元进行了陕西省家畜改良站的改扩建，投资 800 多万元用于建设陕西省秦川肉牛良种繁育中心，省财政投资 40 万元建设陕西淳化秦川牛良种繁育场等良种核心企业建设。在全省秦川牛产区投资

80多万元配套建成了5个区域性供精中心和600多个基层配种站点，基本形成了秦川牛良种繁育体系。

陕西省秦川牛原种场创建于1965年，现位于陕西省扶风县，是秦川牛种质资源保护、繁殖、选育、推广的重要基地，2008年被农业部确定为“国家级畜种保种场”。现有双列式母牛舍四栋，公牛舍一栋，配有独立的兽医室、观察牛舍，以及完善的饲料库、青贮饲料池，基础设施能满足保种场生产需要。该场秦川牛纯正、品质优良，档案齐全，现存栏280头（含12个公牛家系，平均近交系数控制在3%内），其中基础母牛140头、种公牛20头、青年后备牛50头；基础母牛全是特一级，公牛全为特级。

陕西省秦川肉牛良种繁育中心成立于2002年，是由陕西省、宝鸡市两级政府和西北农林科技大学共同组建的省级农业产业化龙头企业，是全省最大的秦川牛肉用选育扩繁企业。固定资产800多万元，现有员工130余名，其中畜牧专家、技术人员、高级管理人员18名。主要围绕秦川肉牛良种繁育、快速育肥、规模化饲养，良种牛外调、外贸出口、屠宰加工及胚胎移植技术合作等产业链各个环节开展工作。中心拥有标准化牛舍1 000余m^2，标准化牛肉熟制品加工生产线一条，并引进了法国卡苏冻精生产线。现培育存栏良种秦川牛和基础母牛500余头，用联供联销方式建立了百头牛规模化养殖场10余个，采用公司+农户方式组建了500头的秦川牛基础群，年生产冻精细管15万支，改良繁育牛15 000余头，年生产总值3 400万元。年辐射带动新增养牛户3 000户，直接经济效益1 500万元以上，现已成为我国最大的秦川肉牛繁育养殖基地。中心先后承担了七项国家级科研项目任务，协助省市政府成功举办了三届“中国秦川牛节”。2004年国家开发银行和世界银行贷款2 000万元对中心给予资金扶持，为中心的集团化发展奠定了雄厚的资金基础，在省农业厅和科技厅的大力支持下，中心成立了“陕西省秦川牛产业协会”和“陕西省秦川牛生产力促进中心”，为秦川牛的产业化发展提供了必要的组织保障。

陕西省家畜改良站始建于1980年，承担陕西省优良种畜选育、良种冻精生产和技术培训等服务工作，现存栏优秀秦川牛种公牛21头，年生产推广秦川牛冻精70万份。原陕西省种公牛站现改制成立了陕西秦申金牛育种有限公司，是经农业部验收并确定的首批“国家级种公牛站”之一。

乾县秦川牛场属省级保种场，现存栏秦川牛200余头。多年来，该场大力推广应用科学管理技术，坚持优胜劣汰，提纯复壮，每年向社会提供良种秦川牛 60 余头，辐射带动全县养殖秦川牛 3 万余头。

陕西省每年按基础母牛向陕西省秦川牛原种场和乾县秦川种牛场提供保种费。2008 年陕西省秦川牛原种场列入国家级畜禽遗传资源保种场。

近年来，关中地区的渭北和陕北（延安）、陕南（商州）等地依托当地丰富的饲草资源，大力发展肉牛产业，秦川牛数量增长迅速，秦川牛存栏已占全省的 10%以上。在秦川牛存栏超过 2 万头的 18 个县中，渭北含有 10 个县，共存栏秦川牛 27.09 万头，占全省秦川牛总存栏的 26.9%。

第二节　保种目标及措施

一、保种目标

为了保存好秦川牛特有的优良遗传基因，进一步提高秦川牛的肉用性能，依靠外来品种的改良杂交容易丧失秦川牛独有的优良基因，单纯的保种在市场经济条件下也难以奏效，只有坚持保种、本品种选育和杂交改良相结合，以开发利用为前提，实施开发式保种，以开发促保种，以保种促开发，才能实现经济效益和社会效益双赢。

保种群保种总的指导原则是控制群体规模，档案记录健全，杜绝外血，配种避免近交。保种群近交系数在 50 年后低于 0.1，公、母牛的留种比例为 1∶9，世代间隔为 5 年，保种群规模为 250 头以上。

二、保种方法

根据遗传学的基本原理，利用保种群保种，必须实现随机留种和交配，使之尽量不受突变、选择、迁移、遗传漂变等影响，有效控制近交系数增量，力争使其中的每一个基因都不丢失。在实际保种群中，影响近交系数增量的主要因素有：群体规模、性别比例、留种方式、亲本的贡献、交配系统、世代间隔等。根据公式（1）$\Delta F=1/8Nm+1/8Nf$（ΔF 为近交系数数量；Nm 为公牛数；Nf 为母牛数）和公式（2）$Ft=1-(1-\Delta F)^t$（Ft 为 t 个世代后的群体近交系数；ΔF 为近交系数增量；t 代表第 t 个世代），可以计算出秦川牛的保种群应在 250 头以上。

为达此目的，应做到以下几点：①在每一世代留种时，实行每一头公牛后代中选留一头公牛，每一头母牛后代中选留一头母牛，还应保持每一世代的群

体规模一致；②制订合理的交配制度，在保种群中实行避免全同胞、半同胞交配的不完全随机交配制度，或采取非近交的公牛轮回配种制度，或划分亚群，在亚群中轮回交配；③保持外界环境相对稳定，防止基因突变。选育种公牛50头（均为特级）：其中成年牛20头，后备牛10头，犊牛20头。选育种母牛450头（均为特级或一级）：其中成年牛300头，后备牛70头，犊牛80头。

在实际工作中，总体要求是：无论公牛与母牛，外貌上必须尽量符合肉用牛特征，出生重要大（25 kg以上），生长发育快，繁殖性能优良，母牛泌乳性能良好，优质肉部位和产肉量较多部位发育状况良好。

秦川牛等级的评定按《秦川牛》国家标准（GB/T 5797—2003）进行体尺测量和外貌评定。在组织后裔测定和相对育种值的评估时，按《秦川牛》国家标准（GB/T 5797—2003）附录B说明进行。

三、保种措施

（一）政府重视，支持有力

长期以来，农业部和陕西省政府十分重视秦川牛的保种工作，对设在陕西省农牧良种场的国家级秦川牛保种场（即陕西省秦川牛原种场）一直予以专项经费支持，陕西省农业厅对乾县秦川种牛场也提供了必要的保种费。

2002年，陕西省农业厅又批准组建了陕西省秦川肉牛良种繁育中心，加大了秦川牛活体保种和肉用选育扩繁工作。2014年，为了贯彻落实《陕西省人民政府办公厅关于进一步加快肉牛肉羊产业发展的意见》（以下简称“《意见》”）精神，陕西省财政配合省农业厅等相关部门，结合实际制订印发了《陕西省肉牛肉羊产业发展规划（2014—2020年）》，确定肉牛产业今后发展的目标任务、建设项目和政策措施，大力支持秦川牛种质资源保护工作。

近年来，陕西省财政每年安排500万元支持省内秦川牛保种场开展秦川牛种质资源保护工作，秦川牛保种数量逐年增加。2014年省财政安排1 000万元专项资金，扶持陈仓、麟游、凤翔、岐山、宜君、永寿、彬县、洛南、黄龙、子长10个肉牛基地县发展肉牛规模养殖，进一步提高秦川牛养殖的整体水平。同时积极开展国家肉牛基础母牛扩群工作，对临渭区和麟游县两个母牛养殖大县和全省肉牛基础母牛存栏100头以上的规模养殖场进行政策性补贴，促进肉牛产业健康发展。

（二）点上保种，面上改良

陕西省在秦川牛保种方面，主要根据邱怀教授提出“点上保种、面上改良”的保种开发模式，即采取本品种选育和经济杂交两条路子，对秦川牛进行合理的保护和利用，取得了明显效果。主要技术路线分别见图 3-1 和图 3-2。

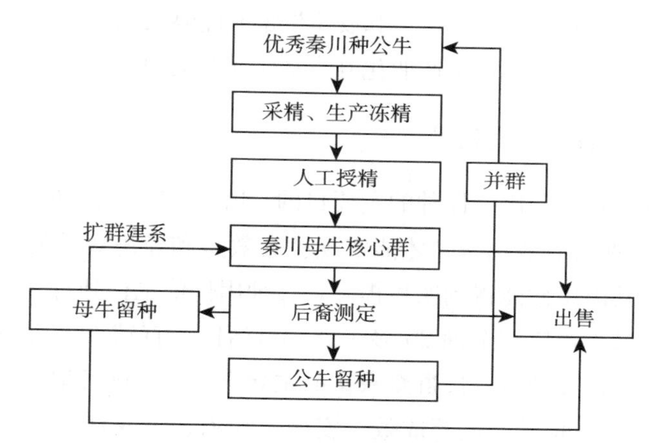

图 3-1　秦川牛本品种选育技术路线

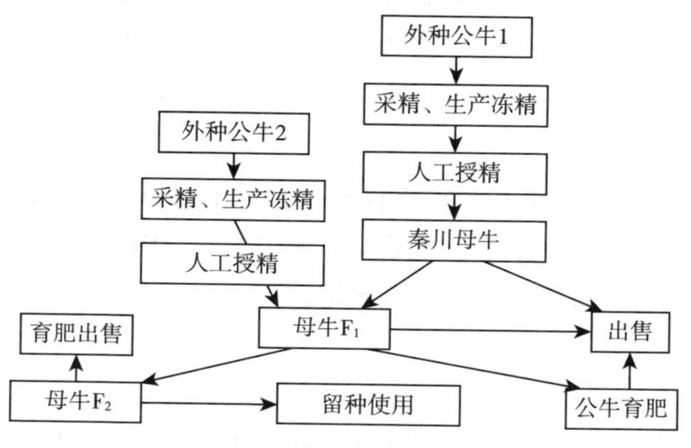

图 3-2　秦川牛杂交改良技术路线

通过走“选育原种、扩繁良种、推广杂交种、培育新品种”的肉牛育种之路，不断建立和完善秦川肉牛良繁育种体系，以现代生物技术为主导构建的 MOET 育种方案、人工授精育种方案、群选群育开放式育种方案、MA-BLUP

等，将常规育种技术与现代生物技术以及计算机技术结合起来，建立和完善了优质、高产、高效的肉牛良种开放核心群育种体系，都有力地促进了秦川牛保种选育和改良利用工作。

在此选育模式的指导下，已培育出日增重达 0.9 kg 以上，适龄屠宰时体重达 500～600 kg 的秦川牛肉用新品系 1 个，核心群规模达 500 头以上，育种群达到 1 500 头以上，并以秦川牛为母本，引进国外肉牛良种作父本，通过杂交试验，筛选出“安秦”“和秦”“和安秦” 3 个优势杂交组合，杂交后代生产性能得到显著提高，为秦川牛产业化开发奠定了良好基础。

（三）以用促保，开发利用

畜禽品种开发与利用是保种的主要目的，“保”是“用”的前提，“用”是“保”的目的。两者有效结合，才能实现社会效益和经济效益的双赢。经过选育的秦川牛，其肉用性能得到明显提高，其种用价值也得到普遍认同。“九五”以来，秦川牛已被推广至全国 20 多个省、自治区、直辖市，成为全国肉牛生产的优势品种和许多地方农民群众致富的主导产业。全国各地纷纷引进秦川牛改良当地黄牛，均取得了显著成效，安徽、河南、黑龙江、河北、四川、辽宁、新疆、甘肃、宁夏及省内各地引进秦川牛改良当地低产黄牛，使其体尺体重得到了改善和提高，尤其是后躯发育加强，体尺增加幅度较大，体重增加十分显著。而且秦杂牛的屠宰率、净肉率达到了 53.0%和 40.5%，较当地黄牛的 45.8%和 35.6%分别提高 7.2 个和 4.9 个百分点，充分反映了秦川牛的种质特性。

“以用促保”的开发利用模式不仅充分验证了秦川牛的优良品种特性，凸显秦川牛潜在的商业价值，极大地提高了秦川牛的国内国际知名度，同时又促进了秦川牛肉用选育工作不断迈上新台阶。

（四）现代生物技术保种

牛的冷冻精液制作和冷冻精液人工授精技术在我国已经广泛应用，且牛冷冻精液已经商品化，冷冻精液保种应和活体保种相结合，因为要用冷冻精液获得一个与现有遗传特征基本一致的纯种，必须利用冷冻精液对牛群进行一系列的回交。

为了克服牛冷冻精液这一缺陷，最好用牛的冷冻胚胎进行保种，冷冻胚胎自20世纪70年代首获成功以来，其在牛上的应用已日趋成熟，对牛利用超排技术一次可以采集到6～8枚胚胎，鲜胚的受胎率可以达到60%～70%，冷冻胚胎的受胎率可以达到40%～50%。冷冻胚胎的费用很高，但保存费用低，所以利用冷冻胚胎对秦川牛保种是非常好的方法。

在秦川牛生物技术保种方面，除了向国家畜禽遗传资源基因库建设提供秦川牛冻精进行保种外，2007年，经农业部批准，西北农林科技大学在原部级黄牛研究室的基础上，组建了国家肉牛改良中心，该中心还专门建设了秦川牛肉牛良繁场和冻精胚胎生产车间以及肉牛种质资源库，开展了秦川牛的生物技术保种工作，保存秦川牛配子及组织等种质资源1.5万头份以上。

四、保种工作注意事项

目前，秦川牛的保种工作总体是好的，但国内市场牛肉短缺造成的冲击和盲目引进外来品种无序杂交对地方品种造成的危害和挑战也不容忽视。要真正实现对秦川牛等地方黄牛品种的保护，还必须做到以下几点。

（一）牢固树立保种意识

秦川牛作为优秀地方品种，具有许多优秀基因，在保护的同时必须加以很好利用。从长远发展来看，秦川牛作为肉牛品种培育具有很大的发展潜力，目前保种关键是提高秦川牛作为肉牛培育潜力的认识，各级政府和相关单位要牢固树立保种意识。

（二）理顺保种与选育的关系

秦川牛原有的保种区域由于产业结构调整已经发生很大变化，而现有保种区域追求经济效益，引进外来品种改良现象普遍存在，导致保种不利，改良无序，一定要处理保种与选育的关系，做出规划，分类指导，专项支持，避免秦川牛优秀基因丢失。

（三）完善秦川牛种质基因库建设

投资建设家畜改良站，做好公牛选育工作，建立品种资源基因库，利用冷冻精液、胚胎等现代生物技术对秦川牛进行保种，并每年对基因库的冻精、胚胎进行有序更新。

（四）建立稳定的秦川牛母牛基础群

1. 原种场建设　省内原有秦川牛保种场，由于各地产业机构调整，有些保种群内饲养数量已不能满足保种需求，目前需要按照原种场公、母牛比例1∶9、总存栏250头以上的要求，开展品种检测和种群优化，建立保种群。

2. 保种基地建设　产业发展导致原有的基地规划已经不能适应保种需要，各地牛群养殖结构已部分由秦川牛转向奶牛或杂交改良牛，保种基地需要随着产业结构的调整加强规划引导、政策扶持、项目支持，鼓励养殖企业和养殖大户积极参与保种基地建设，创新保种工作方法，提高保种工作效果，使秦川牛这一优秀地方品种得以长久保护。

第四节　种质特性研究

一、秦川牛主要经济性状候选基因研究

通过对秦川牛采样前的调查工作，整理出采样区秦川牛养殖资料。在秦川牛中心产区选择陕西省秦川牛良种繁育中心、国家肉牛改良中心良繁场、陕西秦宝牧业发展有限公司等作为采样单位，采集具有良好肉用体型、屠宰率高、肉质好的优秀秦川牛极端个体血样，同时整理生产数据、屠宰记录并采集肉样。在分析肉样的背膘厚、眼肌面积、系水力、大理石花纹和嫩度等肉质性状的基础上，采用聚合酶链式反应-单链构象多态性检测（PCR-Single Strand Conformation Polymorphism，PCR-SSCP）基因部分区段遗传变异情况，分析了基因效应与肉质性状之间的相关性。完成了心脏脂肪酸结合蛋白基因（Heart Fatty Acid-Binding Proteins，*H-FABP*）、脂肪酸结合蛋白基因（Adipocyte Fatty Acid-Binding Proteins，*A-FABP*）、解耦联蛋白3基因（Uncoupling Protein 3，*UCP*3）、胰岛素样生长因子2基因（Insulin-like Growth Factor 2，*IGF*2）、钙蛋白酶1基因（*CAPN*1）、生长激素基因（*GH*）、生长激素受体基因（*GHR*）、双肌基因（*MSTN*）、肥胖基因（*LEPTIN*）、骨形态发生蛋白4基因（Bone Morphogenetic Protein 4，*BMP*4）、骨形态发生蛋白受体1B基因（Bone Morphogenetic Protein's Receptor 1B，*BMPR*-1*B*）、肝X受体基因（Liver X Receptors，*LXRa*）等12个基因的DNA分子标记。相关分析主要结果如下：

H-FABP 基因：秦川牛 *H-FABP* 基因第 1 外显子存在 3 种基因型：AA、AB 和 BB，频率分别为 0.5、0.42 和 0.08，等位基因 A 和 B 的频率分别为 0.71 和 0.29；秦川牛 *H-FABP* 基因第 1 外显子不同基因型间存在效应差异；且与秦川牛的屠宰率和眼肌面积显著相关。

*UCP*3 基因：秦川牛及其杂种牛群体 *UCP*3 基因第 3 外显子具有多态性，检测到 A、B、C、D 4 种等位基因，而且 AA 型个体在宰前活重、胴体重、胴体长、眼肌面积、系水力、大理石花纹指标中显著高于 AB、AC、AD 型个体（$P<0.05$）。据此初步推断 AA 基因型为优势基因型，A 为优势等位基因，对选择有正向效应；该基因外显子 3 的单核苷酸变异影响秦川牛及其杂种牛的肉牛胴体、肉质性状，可以尝试应用这些多态性位点对肉牛的胴体、肉质性状进行分子标记辅助选择，指导肉牛的育种工作。

A-FABP 基因：采用 PCR-SSCP 方法检测了秦川牛 *A-FABP* 基因的第 1 内含子和第 2、3、4 外显子的多态性，结果分别在第 1 内含子和第 4 外显子上检测到了 SNPs 位点，在 *A-FABP* 基因 2 736bp 处（第 1 内含子）发生了 A→T 的突变，4 272bp 处（第 4 外显子）发生了 A→G 的突变。第 1 内含子共检测到了 AA、AB 和 BB 3 种基因型。分析表明，AB 型个体和 BB 型个体的背膘厚分别显著（$P<0.05$）和极显著（$P<0.01$）高于 AA 型个体；BB 型个体大理石花纹、嫩度和系水力均显著高于 AA 型个体（$P<0.05$），表明该 SNP 位点 B 等位基因为优势等位基因，与背膘厚、大理石花纹、嫩度和系水力等肉用性状有较高关联度。在第 4 外显子也检测到了基因型 AA、AB 和 BB 3 种基因型。分析表明，AA 型个体的背膘厚和大理石花纹都显著（$P<0.05$）高于 BB 型个体；AA 型个体的嫩度极显著高于 BB 型个体（$P<0.01$），表明该 SNP 位点中 A 等位基因具有提高背膘厚、大理石花纹和嫩度的遗传效应。从以上研究分析可以看出，在秦川牛 *A-FABP* 基因中存在可检测到的 SNP 位点，且与背膘厚、大理石花纹、嫩度和系水力等肉用性状间存在显著关联，提示 *A-FABP* 基因很可能是影响秦川牛部分肉用性状的主效基因或与其主效基因紧密连锁。

*CAPN*1 基因：利用 PCR-SSCP 技术和 DNA 测序寻找牛 *CAPN*1 基因多态位点，分析不同基因型在秦川牛及其杂种牛群体间分布规律。本次试验研究得到的突变位点在牛 *CAPN*1 基因第 2 外显子位点为 1 278 位 C→T，但这个位点的突变没有造成牛 *CAPN*1 基因的氨基酸序列改变。*CAPN*1 不同基因型

4个群体胴体性状中的宰前活重、胴体重、胴体长、胴体胸深、胴体深上均无显著差异（$P>0.05$）；眼肌面积上MM基因型个体显著高于MB型个体（$P<0.05$）；肉质性状中在大理石花纹、系水力、pH24均无显著差异（$P>0.05$），MM基因型个体在嫩度上极显著高于MB型个体（$P<0.01$）。

*IGF*2基因：在*IGF*2基因第2外显子检测到AA、AB、BB三种基因型，测序发现AA基因型在120位C→T突变。在*IGF*2基因第2内含子检测到DD、DE、DF三种基因型，测序发现279位A→G突变。方差分析结果表明，两个位点均在胴体性状中与宰前活重、胴体重、胴体长、胴体胸深、眼肌面积显著相关（$P<0.05$），其中背部皮下脂肪厚指标中达到差异极显著（$P<0.01$）；在肉质性状中与大理石花纹、嫩度、pH24显著相关（$P<0.05$）。但是在胴体深、系水力指标中差异不显著（$P>0.05$）。A、D等位基因是群体中的优势等位基因，AA、DD基因型是优势基因型，而含有B、E等位基因的个体的胴体和肉质性状指标优于其他个体，尤其有着极强脂肪沉积能力。

*GH*基因：*GH*基因第5外显子第四位碱基处存在错义突变（C/G），经限制性内切酶AluⅠ酶切后产生CC、CG和GG 3种基因型，C和G等位基因的频率分别为0.825 8和0.174 2，该位点与秦川牛体高、体斜长、胸围、尻长显著相关。*GH*基因第5外显子第93位碱基处存在同义突变（C/G），经限制性内切酶AflⅡ酶切后产生AA、AB 2种基因型。测序还发现第1内含子存在3处突变，分别为G/T、C/T、G/C突变；第4内含子存在7处突变，分别为C/G、G/A、T/G、T/C、A/G、G/T、A/G突变；第5外显子第140位碱基发生C/G突变；第5内含子发生A/C突变。

BMP家族基因：利用PCR-SSCP技术，寻找出了与秦川牛体尺性状相关的*BMP* 4（Bone Morphogenetic Protein 4）基因和*BMPR-ⅠB*（Bone Morphogenetic Protein's Receptor ⅠB）基因的DNA分子标记。结果发现，*BMP* 4基因3′侧翼区一处微卫星存在2种基因型：AA和AB，频率分别为0.878和0.122，等位基因A和B的频率分别为0.939和0.061，该位点与秦川牛胸围及腰高显著相关；*BMPR-ⅠB*基因第8外显子存在一处SNP，据此可分为AA、AB和BB三种基因型，频率分别为0.248 7、0.492 4和0.258 9，等位基因A和B的频率分别为0.494 9和0.505 1。该位点与秦川牛体高显著相关。

肝X受体基因：利用PCR-SSCP技术，寻找出了与秦川牛肉质性状相关的*LXRa*（肝X受体）。结果发现，*LXRa*基因第2外显子存在一处SNP：基因型分别为AA、AB和BB，频率分别为0.610 3、0.352 6和0.037 1，等位基因A和B的频率分别为0.786 6和0.213 4，该位点与秦川牛胴体长、大理石花纹评分和背膘厚之间存在显著相关。

通过以上研究，确定了*H-FABP*基因第1外显子的单核苷酸变异影响秦川牛的屠宰率和眼肌面积，*UCP*3基因第3外显子的单核苷酸变异影响秦川牛及其杂种牛的肉牛胴体、肉质性状，*A-FABP*基因第4外显子的多态性影响秦川牛的背膘厚、大理石花纹和嫩度，*CAPN*1基因第2外显子的单核苷酸变异影响秦川牛及其杂种牛的嫩度，*IGF*2第2外显子的多态性对秦川牛的大理石花纹和嫩度有显著影响。*GH*基因上的SNP位点与秦川牛体高、体斜长、胸围、尻长显著相关；*BMP* 4基因上发现的SNP与秦川牛胸围及腰高显著相关；*BMPR-Ⅰ B*基因第8外显子存在一处SNP，该位点与秦川牛体高显著相关；*LXRa*基因第2外显子存在一处SNP，该位点与秦川牛胴体长、大理石花纹评分和背膘厚之间存在显著相关。这些多态位点可用于秦川牛的产肉性能和肉质性状的分子标记辅助选择。

同时，利用PCR技术和电泳银染技术检测了144头秦川牛*BM*2113、*IDVGA*2、*TGLA*44、*IDVGA*27、*ETH*10、*ILSTS*005和*IDVGA*46等7个微卫星位点的多态性分布，计算了各个基因座的表观及期望杂合度、有效等位基因数、多态信息含量、固定指数和Shannon信息熵。结果显示，秦川牛7个微卫星位点共检测到164个等位基因，每个位点的等位基因数为16～28个，平均等位基因数为23.43个；各位点杂合度都较高，平均表观杂合度和平均期望杂合度分别为0.763 4和0.923 2；平均有效等位基因数为13.327 6；7个位点中多态信息含量0.872 4～0.945 3，均为高度多态；shannon信息熵均分布在2.3～3.1。表明秦川牛群体的遗传杂合度较高，遗传多样性丰富，所选微卫星位点可用于秦川牛遗传多样性评估。

根据秦川牛肌肉生长和脂肪沉积的发育规律，选择6月龄、12月龄、18月龄和24月龄四个时期，测定秦川牛公牛、阉牛和母牛肉质表型性状，分析三者肌肉组织理化特性、氨基酸组成及脂肪酸组成等肉质性状，以及公牛和阉牛4个发育时期血清睾酮水平和血脂指标参数的差异，揭示秦川牛各肉质性状随生长发育的变化规律。

在显著表型差异的基础上，利用高通量测序技术分别构建了秦川牛公牛、母牛和阉牛4个发育时期的肌肉组织mRNA表达谱，构建了24月龄公牛和阉

牛肌肉脂肪组织的 mRNA 和 miRNA 表达谱，在秦川牛公牛、阉牛、母牛 4 个发育时期肌肉组织中共鉴定 13 005～13 919 个表达基因，24 月龄秦川牛公牛、阉牛肌内脂肪中共鉴定到 25 444 个已知功能基因，分别鉴定到牛 miRNAs 714 和 727 个，新预测 miRNAs 3 920 和 4 129 个，注释到 mRNA 1 782 和 1 951 个；同一性别不同发育时期肌肉组织共筛选出 3 496～5 942 个差异表达基因，同一发育阶段不同性别肌肉组织共筛选出 1 429～6 883 个差异表达基因；在公牛、阉牛肌内脂肪组织共筛选出 52 个差异表达的牛 miRNAs，这些 miRNAs 共靶向 691 个差异 mRNA；对这些差异基因进行 GO 和 Pathway 富集分析发现，秦川牛肌肉组织发育具有明显的阶段特异性和性别特异性，发育的早晚或快慢、细胞增殖能力、新陈代谢的同化异化方向、脂代谢能力的不同决定了不同性别各个发育时期的肌肉发育方向和肉质性状特征。

为寻找与肉质性状相关的基因表达模式，来进一步通过趋势分析，在公牛、母牛和阉牛分别得到 6 个、7 个和 5 个显著的基因表达趋势，这些基因表达模式分别与肌肉发育速率、肽交联结构、肌肉收缩功能、脂质代谢、细胞分化和增殖等相关，富集到这些功能分类的基因可能通过影响肌纤维直径、肌内脂肪含量和结缔组织含量进而影响肉质性状。通过鉴定这些显著的基因表达模式特有的 GO 和 Pathway 富集条目发现，公牛持续快速的肌肉发育速率、早期形成的肽交联结构、较强的肌肉收缩功能决定了其较粗的肌纤维直径和较高的剪切力，18 月龄是脂质代谢最为旺盛的时期；阉割后降低的细胞分化和细胞增殖能力、较慢的肌肉发育速率和减弱的肌肉功能，决定了阉牛肉块产出少、相对较细的肌纤维和较低的剪切力，但 18 月龄仍是肌肉脂质代谢最为旺盛的时期；母牛较低的能量代谢和合成代谢水平，决定了其肉块产出相对最少，早期旺盛的脂质代谢、相对不高的肌肉细胞增殖能力和肌肉功能，决定了其较细的肌纤维直径、较高的肌内脂肪含量和较低的剪切力。

通过生物信息学分析最终确定了影响秦川牛肉质性状的重要调控通路，与细胞增殖和分化能力相关的有 TGF-β、Wnt 和 VEGF 信号通路，与肌肉发育速率相关的有 ErbB 和 GnRH 信号通路，与肌肉功能相关的有 Peroxysome，TCA cycle 和 mTOR 信号通路，与肌内脂肪相关的有 PPARγ、mTOR、脂肪酸代谢、固醇合成、脂肪因子和胰岛素信号通路，与结缔组织相关的有细胞黏附分子信号通路；这些信号通路构成了秦川牛肌肉发育过程中肉质性状的基因调控网络。此外，构建的秦川牛肌内脂肪性状基因表达调控网络，主要包括脂肪分解相关信号通路下调和甘油三酯合成信号通路上调两部分。

对肌内脂肪性状调控网络中可能具有重要作用的let-7i和miR-2305与HBEGF、MAP3K1、PAK1和RAC2的靶向关系进行了验证，研究了这两个miRNAs在调控牛前体脂肪细胞分化中的作用。研究发现，*HBEGF*和*MAP3K1*是let-7i的靶基因，*PAK1*和*RAC2*是miR-2305的靶基因，let-7i具有促进牛前体脂肪细胞分化的作用，这种作用可能是通过抑制MAP3K1的表达，进而引起下游*PPARγ*、*LPIN1*基因的上调而实现的。

二、年龄和性别对秦川牛肉质性状的影响

由表3-1至表3-3可知，随着牛龄的增加，公牛、母牛和阉牛肉的剪切力数值呈现显著上升趋势（$P<0.05$）；蒸煮损失、滴水损失均呈现显著下降趋势（$P<0.05$）；酸度无显著差异（$P>0.05$）；公牛12月龄与18月龄L值差异显著（$P<0.05$），母牛L^*值呈显著下降趋势（$P<0.05$），阉牛6月龄与12月龄L^*值、a^*值差异显著（$P<0.05$），公牛和母牛a^*值呈显著上升趋势（$P<0.05$）。

表3-1 公牛4个发育时期肉质物理性状的测定结果

测定指标	6月龄	12月龄	18月龄	24月龄
蒸煮损失（%）	37.06 ± 0.59^{a}	32.69 ± 0.92^{ab}	31.50 ± 0.84^{b}	28.10 ± 3.18^{b}
滴水损失（%）	21.51 ± 0.15^{a}	20.61 ± 1.22^{ab}	17.97 ± 0.75^{bc}	17.58 ± 0.81^{c}
剪切力（N）	34.99 ± 1.08^{Cd}	38.71 ± 1.37^{Cc}	47.43 ± 4.61^{Bb}	66.64 ± 2.74^{Aa}
鲜肉剪切力（N）	19.11 ± 1.96^{c}	23.42 ± 3.04^{b}	26.95 ± 6.17^{a}	27.64 ± 2.16^{a}
pH	5.73 ± 0.01	5.74 ± 0.01	5.75 ± 0.01	5.79 ± 0.01
亮度（L^*）	97.37 ± 0.53^{a}	95.95 ± 0.40^{a}	84.49 ± 0.87^{b}	82.61 ± 0.92^{b}
红度（a^*）	11.20 ± 1.51^{c}	12.87 ± 1.43^{c}	15.87 ± 1.27^{b}	19.52 ± 1.29^{a}
黄度（b^*）	16.74 ± 1.19	17.28 ± 0.94	17.47 ± 1.21	17.96 ± 1.62
系水力（%）	63.14 ± 0.32^{d}	64.89 ± 0.37^{c}	66.54 ± 0.42^{b}	68.90 ± 0.70^{a}

表 3-2　母牛 4 个发育时期肉质物理性状的测定结果

测定指标	6 月龄	12 月龄	18 月龄	24 月龄
蒸煮损失（%）	36.90±1.64[a]	30.43±0.51[b]	28.90±0.92[c]	26.81±0.34[d]
滴水损失（%）	20.32±2.21[a]	19.70±1.22[a]	16.42±0.80[b]	16.04±1.21[b]
剪切力（N）	29.11±1.37[Cd]	33.22±1.08[Cc]	41.26±4.41[Bb]	57.23±2.25[Aa]
鲜肉剪切力（N）	14.21±3.63[d]	17.64±1.18[c]	24.50±1.96[b]	26.66±2.74[a]
pH	5.69±0.02	5.73±0.02	5.77±0.02	5.79±0.03
亮度（L^*）	96.13±0.28[a]	92.20±0.51[b]	84.35±1.61[c]	83.94±0.30[c]
红度（a^*）	10.03±1.1[d]	12.24±5.22[c]	14.78±1.03[b]	18.52±1.66[a]
黄度（b^*）	20.40±1.08	20.31±1.24	20.28±1.37	20.66±3.15
系水力（%）	63.66±0.63[c]	65.38±0.87[c]	67.28±1.43[b]	69.56±0.47[a]

表 3-3　阉牛 4 个发育时期肉质物理性状的测定结果

测定指标	6 月龄	12 月龄	18 月龄	24 月龄
蒸煮损失（%）	36.62±0.77[Aa]	29.97±2.44[Bb]	27.50±0.44[Cc]	23.39±0.99[Dd]
滴水损失（%）	19.51±0.66[Aa]	18.41±0.50[Bb]	17.15±1.36[Cc]	15.93±0.86[Dd]
剪切力（N）	31.85±1.18[Dd]	34.79±2.06[Cc]	44.00±1.47[Bb]	60.07±0.88[Aa]
鲜肉剪切力（N）	16.46±5.68[c]	20.48±2.35[b]	25.77±1.17[a]	27.05±0.98[a]
pH	5.79±0.02	5.80±0.03	5.83±0.02	5.77±0.02
亮度（L^*）	98.69±0.25[a]	93.02±0.38[b]	92.34±0.52[b]	92.46±0.81[b]
红度（a^*）	19.73±5.52[a]	21.45±1.18[b]	21.52±1.22[b]	22.64±1.02[b]
黄度（b^*）	19.42±1.72	19.09±1.12	19.91±0.69	19.64±1.11
系水力（%）	61.38±1.26[c]	65.66±0.52[b]	68.15±0.88[a]	69.65±0.73[a]

由表 3-4 至表 3-6 可知，除了阉牛的粗蛋白指标外，公牛、母牛和阉牛牛肉的粗蛋白质、粗脂肪、水分在年龄之间差异显著（$P<0.05$）；年龄对秦川牛的粗灰分影响不显著（$P>0.05$）；随着年龄的增长，水分呈显著下降趋势（$P<0.05$），以 6 月龄为最高；粗脂肪呈现增加趋势（$P<0.05$），以 24 月龄为最高。

表 3-4 公牛 4 个发育时期肉质化学性状的测定结果

测定指标	6 月龄	12 月龄	18 月龄	24 月龄
水分（%）	76.91±1.15[a]	75.54±0.58[b]	74.42±0.134[bc]	71.69±0.58[c]
粗蛋白质（%）	20.72±1.07[a]	22.31±1.13[a]	22.86±1.20[a]	24.55±0.83[b]
粗脂肪（%）	1.07±0.16[b]	1.29±0.025[b]	1.42±0.31[b]	2.26±0.26[a]
粗灰分（%）	1.19±0.19	0.85±0.06	0.89±0.39	1.06±0.31

表 3-5 母牛 4 个发育时期肉质化学性状的测定结果

测定指标	6 月龄	12 月龄	18 月龄	24 月龄
水分（%）	77.20±0.58[a]	74.38±0.67[b]	74.09±1.15[b]	73.16±0.03[b]
粗蛋白质（%）	22.6±0.58[b]	22.15±1.15[b]	22.29±0.35[b]	22.63±0.36[a]
粗脂肪（%）	1.39±0.20[c]	2.32±0.17[b]	2.52±0.25[b]	3.88±0.12[a]
粗灰分（%）	1.04±0.02	1.07±0.12	1.07±0.15	1.22±0.11

表 3-6 阉牛 4 个发育时期肉质化学性状的测定结果

测定指标	6 月龄	12 月龄	18 月龄	24 月龄
水分（%）	75.24±0.40[a]	73.74±0.37[ab]	73.96±0.58[ab]	72.08±1.19[b]
粗蛋白质（%）	22.15±1.15	22.34±0.30	22.75±0.62	23.16±0.47
粗脂肪（%）	1.43±0.08[c]	2.30±0.26[b]	2.29±0.03[b]	3.38±0.07[a]
粗灰分（%）	1.08±0.09	1.10±0.15	1.30±0.02	1.26±0.12

由表 3-7 至表 3-9 可见，随着年龄的增加，公牛、母牛和阉牛肉中大多数非必需氨基酸及机体所需的大多数必需氨基酸含量均呈上升趋势。公牛肉中氨基酸 Asp、Ser、Glu、Pro、Gly、Ala、Cys、Met、Tyr、His、Arg 及人体所需的必需氨基酸 Thr、Lys、Thr、Ile、Leu、Phe 含量均随年龄增长呈显著上升趋势（$P<0.05$）。随着牛龄的增长，母牛肉中的 Ala、Ile、Leu、Arg 含量无显著变化（$P>0.05$），Cys 含量无明显规律可循；牛肉中其他氨基酸 Asp、Ser、Glu、Pro、Gly、Met、Tyr、His 及人体所需的必需氨基酸 Thr、Lys、Thr、Phe 含量均呈显著上升趋势（$P<0.05$）。阉牛肉各个年龄阶段 Cys 含量无明显规律可循，牛肉中其他氨基酸 Asp、Ser、Glu、Pro、Gly、Ala、Met、Tyr、His、Arg 及人体所需的必需氨基酸 Thr、Lys、Thr、Ile、Leu、Phe 含量均随年龄呈显著上升趋势（$P<0.05$）。

表 3-7　年龄对公牛肉质氨基酸含量的影响

氨基酸	氨基酸含量（g，以 100 g 肉质计）			
	6 月龄	12 月龄	18 月龄	24 月龄
天冬氨酸 Asp	1.47±0.02[c]	1.61±0.04[b]	1.70±0.04[a]	1.73±0.01[a]
苏氨酸 Thr	0.77±0.02[c]	0.84±0.02[b]	0.88±0.10[a]	0.89±0.01[a]
丝氨酸 Ser	0.63±0.01[c]	0.70±0.01[b]	0.71±0.06[b]	0.75±0.07[a]
谷氨酸 Glu	2.74±0.01[d]	2.99±0.07[c]	3.10±0.09[b]	3.18±0.02[a]
甘氨酸 Gly	0.68±0.01[d]	0.71±0.03[c]	0.78±0.07[b]	0.88±0.011[a]
丙氨酸 Ala	0.94±0.01[c]	1.00±0.02[b]	1.08±0.07[a]	1.11±0.03[a]
胱氨酸 Cys	0.16±0.02[c]	0.18±0.01[bc]	0.20±0.05[ab]	0.21±0.04[a]
缬氨酸 Val	0.78±0.09[d]	0.83±0.06[c]	0.89±0.07[b]	1.37±0.01[a]
蛋氨酸 Met	0.30±0.05[d]	0.36±0.01[c]	0.40±0.05[b]	0.45±0.13[a]
异亮氨酸 Ile	0.82±0.02[c]	0.80±0.02[b]	0.82±0.03[b]	0.93±0.01[a]
亮氨酸 Leu	0.89±0.04[d]	1.41±0.01[c]	1.44±0.02[b]	1.54±0.07[a]
酪氨酸 Tyr	0.62±0.01[c]	0.68±0.02[b]	0.70±0.03[ab]	0.72±0.05[a]
苯丙氨酸 Phe	0.78±0.05[c]	0.90±0.03[b]	1.20±0.01[b]	0.87±0.01[a]
赖氨酸 Lys	1.56±0.05[c]	1.74±0.11[b]	1.78±0.03[ab]	1.80±0.04[a]
组氨酸 His	0.65±0.05[c]	0.76±0.09[b]	0.78±0.02[b]	0.83±0.14[a]
精氨酸 Arg	1.00±0.07[b]	1.10±0.07[ab]	1.17±0.05[a]	1.20±0.07[a]
脯氨酸 Pro	1.33±0.04[c]	1.51±0.06[b]	1.67±0.13[a]	1.63±0.14[a]
必需氨基酸	5.89	6.88	7.44	7.85

表 3-8　年龄对母牛肉质氨基酸含量的影响

氨基酸	氨基酸含量（g，以 100 g 肉质计）			
	6 月龄	12 月龄	18 月龄	24 月龄
天冬氨酸 Asp	1.64±0.07[c]	1.74±0.05[b]	1.74±0.02[b]	1.77±0.09[a]
苏氨酸 Thr	0.84±0.03[c]	0.89±0.04[b]	0.90±0.13[ab]	0.91±0.01[a]
丝氨酸 Ser	0.70±0.02[c]	0.73±0.03[b]	0.75±0.05[b]	0.75±0.03[a]
谷氨酸 Glu	2.97±0.03[c]	3.10±0.11[bc]	3.22±0.09[ab]	3.27±0.05[a]

（续）

氨基酸	氨基酸含量（g，以100g肉质计）			
	6月龄	12月龄	18月龄	24月龄
甘氨酸 Gly	0.73±0.03[c]	0.76±0.02[b]	0.85±0.01[a]	0.75±0.05[a]
丙氨酸 Ala	1.03±0.01[c]	1.08±0.03[b]	1.12±0.05[a]	1.08±0.03[b]
胱氨酸 Cys	0.17±0.02[a]	0.19±0.01[a]	0.18±0.05[a]	0.19±0.04[a]
缬氨酸 Val	0.88±0.09[b]	0.91±0.06[a]	0.92±0.07[a]	0.92±0.01[a]
蛋氨酸 Met	0.35±0.07[c]	0.36±0.02[c]	0.38±0.05[b]	0.44±0.13[a]
异亮氨酸 Ile	0.92±0.03[a]	0.84±0.01[a]	0.90±0.03[a]	0.88±0.07[a]
亮氨酸 Leu	1.49±0.05	1.46±0.07	1.52±0.02	1.48±0.02
酪氨酸 Tyr	0.66±0.07[a]	0.63±0.05[b]	0.64±0.02[b]	0.53±0.01[c]
苯丙氨酸 Phe	0.83±0.07[d]	0.88±0.05[c]	0.97±0.01[b]	1.01±0.03[a]
赖氨酸 Lys	1.71±0.05[c]	1.86±0.02[b]	1.88±0.07[a]	1.89±0.04[a]
组氨酸 His	0.74±0.09[d]	0.87±0.06[c]	0.89±0.04[b]	1.03±0.14[a]
精氨酸 Arg	1.11±0.06[a]	1.19±0.05[a]	1.22±0.07[a]	1.22±0.02[a]
脯氨酸 Pro	1.48±0.03[b]	1.71±0.24[a]	1.78±0.06[a]	1.80±0.13[a]
必需氨基酸	5.89	6.88	7.44	7.85

表 3-9　年龄对阉牛肉质氨基酸含量的影响

氨基酸	氨基酸含量（g，以100g肉质计）			
	6月龄	12月龄	18月龄	24月龄
天冬氨酸 Asp	1.61±0.02[d]	1.71±0.03[c]	1.80±0.07[b]	1.89±0.15[a]
苏氨酸 Thr	0.84±0.04[d]	0.89±0.02[c]	0.93±0.02[b]	0.96±0.01[a]
丝氨酸 Ser	0.69±0.02[d]	0.72±0.01[c]	0.77±0.03[b]	0.80±0.02[a]
谷氨酸 Glu	2.97±0.11[d]	3.16±0.15[c]	3.28±0.17[b]	3.46±0.13[a]
甘氨酸 Gly	0.73±0.02[d]	0.75±0.01[c]	0.77±0.03[b]	0.87±0.07[a]
丙氨酸 Ala	1.02±0.09[d]	1.05±0.07[c]	1.10±0.03[b]	1.2±0.09[a]
胱氨酸 Cys	0.15±0.01[c]	0.21±0.02[a]	0.22±0.02[a]	0.19±0.01[b]
缬氨酸 Val	0.83±0.02[d]	0.90±0.06[c]	0.93±0.01[b]	1.00±0.02[a]
蛋氨酸 Met	0.26±0.07[c]	0.34±0.02[b]	0.44±0.05[a]	0.45±0.13[a]
异亮氨酸 Ile	0.81±0.02[d]	0.87±0.08[c]	0.92±0.03[b]	1.00±0.03[a]

（续）

氨基酸	氨基酸含量（g，以 100 g 肉质计）			
	6 月龄	12 月龄	18 月龄	24 月龄
亮氨酸 Leu	1.38±0.18[d]	1.50±0.07[c]	1.56±0.13[b]	1.68±0.09[a]
酪氨酸 Tyr	0.56±0.07[c]	0.68±0.01[b]	0.71±0.02[a]	0.72±0.01[a]
苯丙氨酸 Phe	0.80±0.07[d]	0.83±0.05[c]	0.88±0.05[b]	1.01±0.03[a]
赖氨酸 Lys	1.69±0.19[d]	1.78±0.11[c]	1.83±0.09[b]	1.99±0.13[a]
组氨酸 His	0.72±0.04[d]	0.81±0.06[c]	0.90±0.04[b]	0.98±0.14[a]
精氨酸 Arg	1.09±0.06[c]	1.19±0.05[b]	1.20±0.07[b]	1.29±0.02[a]
脯氨酸 Pro	1.50±0.03[b]	1.49±0.24[b]	1.49±0.09[b]	1.88±0.12[a]
必需氨基酸	5.89	6.88	7.44	7.85

以上结果表明，随着年龄的增加，Cys 含量无明显规律可循，牛肉中其他氨基酸 Asp、Ser、Glu、Pro、Gly、Ala、Met、Tyr、His、Arg 及人体所需的必需氨基酸 Thr、Lys、Thr、Ile、Leu、Phe 含量均呈显著上升趋势（$P<0.05$），这与李林强（2010）的研究结果一致。蛋白质的营养从实质上来说是氨基酸的营养，随着年龄的增加，牛肉的氨基酸含量显著上升（$P<0.05$），牛肉的蛋白质营养价值升高。同时，牛肉中脯氨酸的含量显著升高（$P<0.05$），表明随着年龄的增加，牛肉内胶原蛋白的含量显著上升（$P<0.05$），这也意味着胶原纤维的交联程度提高，牛肉嫩度增加，导致了牛肉剪切力的提高，使牛肉商品价值降低，与胡宝利（2001）研究结果一致。因此，通过营养与遗传调控手段控制牛肉胶原蛋白与脂肪组织的合理比例，是改善和提高牛肉品质的有效途径。

由表 3－10 至表 3－12 可见，随着年龄的增长，公牛、母牛牛肉饱和脂肪酸 C14：0 和 C16：1 的含量无显著变化，而饱和脂肪酸 C16：0 和 C18：0 的含量呈现显著上升趋势（$P<0.05$）；阉牛饱和脂肪酸 C14：0、C16：1 和 C16：0 都随年龄显著增加（$P<0.05$）。公牛、阉牛和母牛牛肉不饱和脂肪酸 C18：2 的含量则呈现随年龄增长显著下降的趋势（$P<0.05$）。有研究表明，瘤胃微生物能将饲料中的大部分不饱和脂肪酸加氢而形成饱和脂肪酸。以上结果说明，随着秦川牛年龄的增长和体重的增加，秦川牛瘤胃对不饱和脂肪酸的氢化程度在不断提高，导致饱和脂肪酸组成逐渐增加，而不饱和脂肪酸组成逐渐减

少。反刍动物体内碳 14 及碳 14 以下脂肪酸和近一半的碳 16 是在脂肪组织中利用乙酸和 β-羟丁酸从头合成形成脂肪。在生长发育早期，牛瘤胃微生物对饲料中多不饱和脂肪酸的氢化程度低，因而可能造成牛肉脂肪中多不饱和脂肪酸组成较高，但同时也会抑制脂肪酸合成关键酶的活性，这可能是随着年龄增长牛肉饱和脂肪酸含量明显增加的一个原因。此外，公牛 C18：1 的含量在 18 月龄时最高，而母牛 C18：1 的含量在 12 月龄时最高，阉牛在 24 月龄最高。已有研究表明，动物胴体瘦肉率与不饱和脂肪酸组成之间呈正相关，而胴体脂肪含量与不饱和脂肪酸组成之间呈负相关。推测 18 月龄是公牛和阉牛肌肉沉积和代谢最为旺盛的时期；阉牛由于缺失雄性激素脂肪沉积能力增强，24 月龄时牛肉不饱和脂肪酸 C18：1 的含量显著下降；母牛沉积脂肪的能力明显强于公牛和阉牛，随着年龄的增长和脂肪的沉积，不饱和脂肪酸 C18：1 的含量显著下降，这些结果符合前人的研究观点。

表 3-10　年龄对公牛牛肉脂肪酸组成的影响

测定指标	6 月龄	12 月龄	18 月龄	24 月龄
C14：0	2.61±0.23	2.48±0.07	2.93±0.16	2.51±0.10
C16：0	$26.18±0.17^{Bb}$	$27.84±0.29^{Aa}$	$27.92±0.21^{Aa}$	$27.32±0.18^{Aa}$
C16：1	3.18±0.15	3.35±0.25	3.68±0.12	3.34±0.22
C18：0	$19.72±0.67^{B}$	$21.16±0.70^{AB}$	$21.48±0.46^{AB}$	$23.49±0.10^{A}$
C18：1	$41.55±0.13^{Bb}$	$42.32±0.28^{Bb}$	$44.93±0.55^{Aa}$	$38.88±0.85^{Cc}$
C18：2	$3.68±0.85^{AB}$	$4.18±0.28^{A}$	$2.89±0.13^{AB}$	$2.18±0.55^{B}$

表 3-11　年龄对母牛牛肉脂肪酸组成的影响

测定指标	6 月龄	12 月龄	18 月龄	24 月龄
C14：0	2.57±0.15	2.83±0.20	2.48±0.20	3.13±0.22
C16：0	$27.44±0.72^{Bb}$	$32.18±0.14^{Aa}$	$28.63±0.09^{Bb}$	$30.88±0.34^{Aa}$
C16：1	3.36±0.34	4.11±0.23	3.31±0.51	4.05±0.20
C18：0	$19.11±0.23^{Aa}$	$13.24±0.32^{Bb}$	$18.86±0.48^{Aa}$	$15.99±0.31^{Cc}$
C18：1	$43.85±0.4^{Bb}$	$46.64±0.21^{Aa}$	$43.25±0.59^{Bb}$	$43.56±0.26^{Bb}$
C18：2	$3.68±0.18^{Aa}$	$3.48±0.21^{Aa}$	$2.39±0.20^{ABb}$	$1±0.45^{Bc}$

表 3-12　年龄对阉牛牛肉脂肪酸组成的影响

测定指标	6 月龄	12 月龄	18 月龄	24 月龄
C14：0	2.55 ± 0.24^{B}	2.76 ± 0.18^{AB}	3.57 ± 0.23^{A}	2.64 ± 0.13^{AB}
C16：0	26.97 ± 0.12^{Bc}	28.39 ± 0.15^{Bb}	30.25 ± 0.29^{Aa}	28.09 ± 0.56^{Bb}
C16：1	2.47 ± 0.22^{b}	3.44 ± 0.14^{ab}	3.95 ± 0.54^{a}	4.08 ± 0.32^{a}
C18：0	25.84 ± 0.72^{A}	21.27 ± 0.76^{AB}	16.63 ± 1.03^{B}	14.65 ± 2.54^{B}
C18：1	37.42 ± 0.49^{Bc}	44.72 ± 0.26^{Ab}	47.57 ± 1.03^{Aa}	39.36 ± 0.69^{Bc}
C18：2	4.74 ± 0.31^{A}	3.97 ± 0.23^{A}	1.69 ± 0.47^{B}	2.98 ± 0.43^{AB}

综上所述，随着年龄的增长，牛肉蛋白质和脂肪含量显著增加，失水率和蒸煮损失下降，脯氨酸等必需氨基酸含量增加，牛肉的营养价值和商品价值上升；同时随着年龄增长，胶原纤维交联程度以及肌纤维直径增加，牛肉的剪切力值增大、食用价值降低。公牛肉粗蛋白质含量高、脂肪含量低，蒸煮损失、滴水损失、剪切力最高，肉质最差；阉牛次之，母牛肉质最佳。公牛、母牛和阉牛 4 个发育时期嫩度比较结果见图 3-3。结果表明，性别和年龄能显著影响秦川牛的肉质性状。

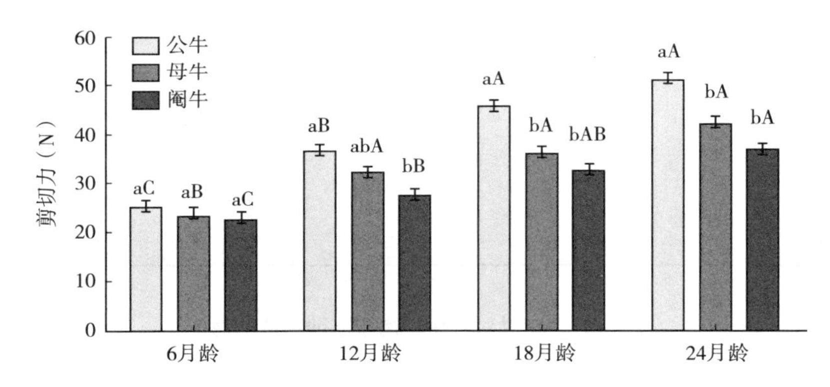

图 3-3　秦川牛公牛、母牛和阉牛 6、12、18 和 24 月龄肌肉嫩度测定结果

图上不同小写字母表示差异显著（$P<0.05$），不同大写字母表示差异极显著（$P<0.01$），相同字母表示差异不显著（$P>0.05$）。

（王洪宝、昝林森、樊安平、张金川）

第四章
品 种 选 育

第一节　纯种选育

一、基本方法

牛的纯种选育，也称为本品种选育，是指在牛的品种内，通过选种、选配和培育不断提高牛群质量及其生产性能的方法。也就是说，在现有品种群体内部，实行本品种公母牛间交配的繁育制度，一般包括以下 4 个方面内容。

（一）良种选育

一个地方良种，往往具有较一致的体型外貌和较高的生产性能以及稳定的遗传性。为了进一步提高其生产性能，促使其体型外貌更趋于一致，需采用本品种选育的方法，来提高和巩固某些优良的特征特性。这种繁育方法称为良种选育。如秦川牛等地方良种黄牛，体格比较高大，外貌比较一致，适应性好，抗病力强，耐粗饲，肉质良好，役用能力强，并且有稳定的遗传性。在外貌上虽有尖尻、斜尻，以及有些品种具有体长不足、体躯宽深度发育较差等缺点，但通过本品种选育，可以逐步纠正外貌结构的一些缺点，逐渐提高其生产性能。

（二）纯种繁育

一个优良品种，经过长期培育，具有高度专门的生产性能及稳定的遗传性。为了增加数量，保持品种特性，不断提高品质，进行有计划的选种选配，这种繁育方法称为纯种繁育。引进品种的保种，也采用该法。如由国外引进的荷斯坦牛、短角牛、西门塔尔牛、安格斯牛、圣格鲁迪牛、海福特牛、夏洛来

牛、利木赞牛、丹麦红牛、摩拉水牛等良种均不能随意引入其他品种牛的血液，而必须采用本品种选育的方法保持纯种、扩大繁殖，以供推广和提供杂交育种的原材料。

（三）保种选育

一个地方品种，虽然不能完全满足人们对经济价值的需要，但在某些性状方面有着极其宝贵的特性，如适应环境能力、抗病力、耐粗饲等特性，或其生产性能方面有一定突出的优点，这就需要在一定的地区内保留其必要的数量，作为本品种选育和杂交育种的原始材料，这种繁育方法称为保种选育。

（四）自群繁育

一个杂交种，进入横交固定阶段以后，需要有目的地进行选种选配，以固定优良性状，使全群质量进一步提高并趋于整齐。这个阶段的育种工作，虽然不是在一个品种内进行选育，可是它和品种内选育的方法是相似的，这种繁育方法称为自群繁育。

另外，同一个品种虽有共同的遗传基础，但是在不同条件的影响下，加上有意识地选种选配，建立品系、品族或类群，形成一定的差异。育种的目的在于积极发现和充分利用这些差异，通过选种选配、定向培育、器官锻炼等措施，进一步克服缺点、提高品质，达到改良和培育新品种的目的。这种方法也属于自群繁育的范畴。

二、秦川牛选育

（一）工作思路

秦川牛选育提高采用本品种选育法进行。其理论依据是，秦川牛肉用性能突出，遗传稳定，适应性强，是不可多得的地方良种黄牛基因库，具有重要的开发性利用价值。但其尻部尖斜，股部肌肉欠充实，影响载肉量。本品种选育的目的不仅要保持秦川牛自身的优良特点、特性及生产性能，而且还要在保持纯种的基础上进一步加以发展和提高，使之更适合于国民经济的需要。根本的办法是通过测交选择显性纯合子公牛留种，使不利基因频率每代下降一半；或对公、母牛同时选择，使其 F_1 代达到纯化。

1984年，西北农业大学邱怀教授在起草制订《秦川牛》陕西省标准和《秦川牛》国家标准时，针对秦川牛朝肉役兼用方向发展的趋势，在体尺中取消了“管围”，增加了“坐骨端宽”，目的就是要保持和发展秦川牛原有的特性和优点的基础上，着重克服其后躯发育不良、股部肌肉不够充实和乳房发育不良等缺点，而且还以体重等级作为衡量其生产性能的一个指标，使秦川牛逐渐朝肉用方向发展。

经过修订，2003年发布实施《秦川牛》国家标准（GB/T 5797—2003），以及后来制定的陕西省地方标准《秦川牛标准综合体》（DB61/T 354.1-15—2004）和国家标准《秦川牛及其杂交后代生产性能评定》（GB/T 37311—2019），也正是基于上述理念和秦川牛肉用选育改良的进展情况来组织开展的。这些标准的实施，对进一步深化秦川牛肉用选育改良工作发挥了重要的指导作用。

（二）选育目标

秦川牛选育的方向是肉用，目标是保持秦川牛基本特征和主要优点（即体格高大，结构紧凑匀称；毛色紫红；角短而钝，质地细致，呈肉色，向外下方或向后稍弯；鼻镜和眼圈为粉肉色；耐粗饲，抗逆性强；牛肉大理石花纹明显，肉质细嫩多汁），在体高、体长、胸围及坐骨端宽等体尺数方面均要有较大幅度的提高，克服后躯发育欠佳等缺点，生长速度明显加快，各部位发育匀称，成为理想的肉用体型，产肉性能和牛肉品质得以较大幅度的提高和改善。

秦川牛肉用选育的理想目标如下：

1. 生长速度加快　公牛平均日增重达到1.20 kg、母牛平均日增重达到1.0 kg。

2. 产肉细嫩提高　经过育肥，24月龄以上的牛屠宰率、净肉率提高10%以上。

3. 肉用体型明显　全身肌肉发达，后躯加宽，尻部宽平，呈现理想的肉用体型。

4. 母牛泌乳量增大　能繁母牛泌乳量由平均1 000 kg提高到1 500 kg以上。

（三）选育过程及效果

20年来，西北农林科技大学通过政产学研用密切协同，结合秦川牛保种和选育双重要求，先后组建了秦川牛选育核心群和育种基础群，坚持定向选优和系统选育，常规育种和分子育种技术相结合，首先依据数量遗传学原理，研究确定了秦川牛生长发育性状、繁殖性状、胴体性状等 3 大类性状的经济权重（0.63∶0.26∶0.11），以及初生重、18 月龄体重、日增重、初产年龄、产犊间隔、胴体品质和大理石花纹等 9 项具体目标性状的相对经济权重。研究了秦川牛肉用选育规划设定的目标性状遗传力（h_2）和各性状之间的相关系数（rA），发现秦川牛外貌（0.30～0.36）、体尺（0.38～0.67）、体重（0.35～0.63）均属于高遗传力性状且各性状间呈高度正相关（0.30～0.88）。创建了基于外貌（P_1）、体尺（P_2）和体重（P_3）三项指标综合选择指数法（$I=0.3P_1+0.3P_2+0.4P_3$）；根据基因流动法结合 ZPLAN 软件，优化了秦川牛肉用选育方案；为了在活体条件下准确预测拟留种个体的产肉性能，借助活体测膘技术测定结果，创建了应用眼肌面积、大理石花纹、活重等指标估测秦川牛优质肉块率、全部切块产率模型，预测准确率达到 97.6%以上；通过继代选育，综合育种进展、育种产出和育种效益分别提高 25%、37% 和 42%。

在此基础上，选育秦川牛肉用新品系 1 个，群体遗传稳定，结构合理，在体高、胸围及坐骨端宽及体重等方面均有明显增加（表 4－1），生长速度和肉用性能显著提升，体躯发育更加匀称，呈现较理想的肉用体型（图 4－1）。同时牛肉品质也有较大程度的改善，肌纤维变细、肌外膜变薄、脂肪沉积增加（图 4－2）。全基因组测序结果显示，经过长期肉用定向选育，秦川牛基因组已发生了定向改变，促进了生长发育和产肉性能的改善。

表 4－1　核心群与非核心群秦川牛体尺体重指标增加情况

年龄	性别	体高增加 cm（%）	胸围增加 cm（%）	坐骨端宽增加 cm（%）	体重增加 kg（%）
初生	♂	0.66（0.99）	0.53（0.81）	0.58（7.25）	0.66（2.51）
	♀	0.19（0.29）	0.87（1.39）	0.39（4.94）	1.65（6.94）
6 月龄	♂	2.33（2.29）	3.09（2.50）	0.28（2.03）	10.48（7.30）
	♀	2.26（2.24）	1.97（1.61）	0.56（4.31）	7.22（5.21）
12 月龄	♂	3.98（2.91）	7.92（5.62）	2.86（9.97）	38.93（15.44）
	♀	2.76（2.42）	7.19（4.87）	1.87（9.82）	31.46（12.47）

图 4-1　秦川牛肉用新品系

图 4-2　选育前后肌纤维和肌外膜形态变化电镜扫描图

第二节　选育技术方案

（一）选种

选种是选育的首要环节，包括公牛和母牛的选择，但种公牛的选择更为重要。因为人工授精和冷冻精液技术的广泛推广应用，种公牛能够对育种产生更大、更有效的影响。因此，选种就是要从牛群中选出最优秀的牛做种用，使其在优越的条件下大量繁殖后代，达到提高牛群产肉性能及健康水平的目的。

秦川牛公牛、母牛选择标准详见表 4-2。

表 4-2　秦川牛公牛、母牛选择标准

单位：cm

年龄	性别/等级	公牛体高	公牛体斜长	公牛胸围	公牛坐骨端宽	母牛体高	母牛体斜长	母牛胸围	母牛坐骨端宽
48 月龄	特级	145	166	204	33	131	148	177	28
	一级	141	161	198	30	127	143	172	25
	二级	138	158	193	28	124	139	168	23
36 月龄	特级	140	160	196	30	129	144	171	26
	一级	136	155	189	27	125	139	166	23
	二级	133	152	184	25	122	135	162	21
24 月龄	特级	133	148	180	27	125	138	165	24
	一级	129	144	175	24	121	133	160	22
	二级	126	141	171	22	118	129	156	21
12 月龄	特级	119	130	157	23	116	128	151	22
	一级	116	125	152	21	113	124	147	20
	二级	113	121	148	19	111	121	144	18

（二）选配

根据一定的原则安排公、母牛的交配组合，称为选配。选配是在选种的基础上进行的。通过选配可以使双亲优良的特性、特征和生产性能结合到后裔身上，可以巩固选种的成果。因此，正确的选配对牛群或品种的改良具有重要意义。选种和选配是育种工作中两个不可分割、互相衔接的技术环节。

1. 选配原则　选配的目的就是要让牛群中优良品质继续扩大，各种不良性状逐渐得到克服。选配的公母牛等级，公牛要高于母牛，高等级的公牛可以与高等级母牛交配，但不能用低等级公牛与高等级母牛选配。有共同缺点的公母牛或相反缺点的公母牛不能交配，例如，内向肢势不能与外向肢势交配。

2. 选配方式

（1）类型选配　根据家畜体型外貌或生产性能上的特点来安排公、母牛的交配组合，称为类型选配，包括同质选配和异质选配两种方式。在秦川牛本品种选育过程中，前期多采用同质选配，以巩固双亲优点，增加遗传稳定性；后期多采用异质选配，一是为了整合公母牛双方不同的优良性状，二是以交配一方的优点纠正另一方的缺点，例如，以背腰平直的公牛与背腰凹陷的母牛交配以纠正后代中母牛凹背，以尻宽的公牛与尻窄的母牛交配，以纠正后代母牛尻尖的缺点。

（2）亲缘选配　即根据公母牛之间亲缘关系的远近来安排交配组合，有意识地进行近亲繁殖或非亲缘繁殖。亲缘选配可以用来固定优良性状，也可以用来淘汰有害性状，保持优良祖先的血统。因此，亲缘选配应有目的地进行，近交系数最多可达到 25%，也就是可以亲子、全同胞交配。一般用在品种育成阶段。

（三）品系繁育及繁育技术

品系繁育是育种工作的高级阶段，是秦川牛本品种选育过程中采用的一种育种方法。其特点是有目的地培育牛群在类型上的差异，以便使牛群的有益性状继续保持和扩大到后代中去。如在秦川牛群体中选择生长速度快、后躯发育好、母牛泌乳量大的个体或类群，分别采用同质选配的方法使这 3 个方面的优良性状分别继续保持下去。将这种方法应用于秦川牛肉用选育过程中，先在秦川牛本品种内建立 3 个不同的品系（类群），每个品系（类群）都有各自独特的优点，随后通过品系（类群）间的结合（杂交），使秦川牛肉用新品系整体得到多方面的遗传改良。所以品系育种既可达到保持和巩固品种优良特性、特征的目的，同时又可以使这些优良特性特征在个体中得到结合。

秦川牛繁育技术包括发情鉴定、人工授精、妊娠诊断、分娩与助产、同期发情、胚胎移植、性别控制、体外受精、显微授精技术，具体见第五章。

第三节　种牛等级鉴定

鉴定之前先审查繁殖性能，繁殖性能基本正常的牛方对其进行鉴定。

一、外貌鉴定

首先，按表 4－3 秦川牛外貌评分表评出总分。

凡颜面（鼻梁部分）有少量黑毛，或腹下有少量白毛者，在品种特征一项中应适当扣分，公牛总评时不能进入特级。

凡有狭胸、靠膝、交突、跛行、凹背、凹腰、拱背、拱腰、垂腹、尖尻、立系及卧系等缺陷而表现严重者，不再评定等级。

表 4－3 秦川牛外貌评分表

单位：分

项目	满分条件	公牛		母牛	
		满分	评分	满分	评分
外貌与气质	品种特征明显；皮肤柔软有弹力，被毛纤细而光滑；公牛有悍威，母牛温驯	15		10	
整体结构	体质结实，结构匀称，肉用体型明显，体躯长而宽深，发育良好。公牛头型宽短、颈粗，母牛头型清秀、颈长短适中	15		15	
前躯	胸宽而深，前胸突出，肩长而斜，肩胛宽平。公牛鬐甲高而宽，母牛鬐甲较低	15		15	
中躯	背部宽长；腰部宽而平直，长短适中，背腰结合良好。肋骨开张，公牛腹部呈圆筒形，母牛腹大而不下垂	15		15	
后躯	尻部长、宽而平，肌肉发达，大腿肌肉丰满。公牛睾丸两侧对称，发育良好；母牛乳房发育良好，乳头长而距离宽，乳静脉粗，分支多	25		30	
肢蹄	肢蹄端正结实，两肢间距宽，蹄形正，蹄质坚实，蹄壁光滑，蹄缝紧	15		15	
合计		100		100	

二、体尺鉴定

按表 4－2 秦川牛体尺等级评定表评定体尺等级。四项体尺标准，按等级最低的一项确定等级。

按表 4－4 秦川牛等级与评分换算表将体尺等级折合成分数。给分多少根据体斜长、胸围、坐骨端宽数值确定。体尺数值超过特级低限时，按体斜长、胸围、坐骨端宽项目中最低一项在特级给分低限的基础上加分，参考其他两项数值，体斜长每增加 1 cm 加 1.5 分，坐骨端宽每增加 1 cm 加 3 分，胸围每增加 1 cm 加 1 分。

表 4-4　秦川牛等级与评分换算表

单位：分

等级	公牛	母牛
特级	85.0 以上	80.0 以上
一级	80.0～84.9	75.0～79.9
二级	75.0～79.9	70.0～74.9

三、体重鉴定

按表 4-5 秦川牛体重等级评定表评定体重等级。

按表 4-4 秦川牛等级与评分换算表将体重等级折合为分数。体重在各等级之间的给分多少依体重的实际数值大小而相应变化。体重超过特级低限时，在特级给分低限的基础上加分，公牛每增加 15 kg 加 1 分，母牛每增加 10 kg 加 1 分。

表 4-5　秦川牛体重等级评定表

单位：kg

性别		公牛			母牛		
等级		特	一	二	特	一	二
年龄	48 月龄	680	630	580	450	410	380
	36 月龄	620	570	520	410	380	360
	24 月龄	490	450	410	360	330	310
	12 月龄	310	290	270	250	230	210

四、综合评定

后备种公牛和母牛的综合评定指数根据外貌、体尺和体重三项指标，按下列方法进行。

各性状依其重要性进行加权，其加权系数（b）为：

外貌（b_1）＝0.3；体尺（b_2）＝0.3；体重（b_3）＝0.4

综合评定指数（I）按式（1）计算：

$$I=0.3W_1+0.3W_2+0.4W_3 \quad (1)$$

式中：

W_1——外貌评分；

W_2——体尺评分；

W_3——体重评分。

按表 4-4 秦川牛等级与评分换算表的规定将综合评定指数换算成综合等级。

五、种公牛的综合评定

以后裔测定为主，如未经后裔测定，可暂按外貌、体尺和体重三项指标进行综合评定。

六、体尺、体重测定方法与要求

（一）体尺测量

1. 测量用具　测量体高及体斜长用测杖，测量胸围用皮尺，测量坐骨端宽用骨盆卡尺。测量前，测量用具必须用钢尺加以校正。

2. 牲畜姿势　测量体尺时，应令牛端正地站在平坦、坚实的地面上，前后肢和左右肢分别在一直线上，头部自然前伸（头顶部与鬐甲接近水平）。

3. 测量部位　主要包括体高（鬐甲最高点到地面的垂直距离）、体斜长（从肩端前缘到坐骨结节后缘的直线距离）、胸围（由肩胛骨后角处量取胸部的垂直周径，松紧度以能放进两个指头上下滑动为宜）和坐骨端宽（两个坐骨结节外缘之间的宽度）。

4. 在坚硬地面测量体高时，必须将测得的体高数增加 1 cm（系测杖下端螺丝钉的高度）。

（二）体重测定

有条件时，应进行实际称重（早饲前空腹称重）：若无条件时，可暂采用式（2）进行估算：

$$体重（kg）=\frac{胸围^2 \times 体斜长}{10\ 800} \qquad (2)$$

式中胸围、体斜长以（cm）计。

式（2）适用于12月龄以上秦川牛体重估测，实际测算时，可根据牛只膘情对估测值做5%上下浮动。

第四节　良种登记与建档

良种登记的种公、母牛必须符合下列条件。

（1）种公、母牛综合评定等级为特级。

（2）种公、母牛必须健康无病，繁殖力正常。

（3）种公、母牛的父、母等级在一级以上（包括一级）。

一、良种登记

凡符合上述条件的种公、母牛，公牛年龄应在36月龄以上，母牛在24月龄以上，由各种牛场、繁育站、畜牧站填写良种申请表（附表4-1），逐级上报省级主管部门审查。

申请登记的种公、母牛，需附左侧全身彩色照片一张。

经审查合格的良种公、母牛，由省级主管部门统一编制良种登记号，并发给良种登记证。

出售的良种公、母牛，应将良种登记证一并转移，如有死亡或淘汰，应及时上报省级主管部门备案。

二、建立档案

凡参与秦川牛改良和育种的单位都应建立自己的育种档案室或专用档案柜。在育种区范围内的秦川牛良种繁育中心、良种场、养殖场，应建立完整的育种档案（附表4-2至附表4-7），并由专人管理。凡参与育种的秦川牛专业养殖户饲养的各类育种群应由县级畜牧兽医行政部门协助建立档案并统一管理。

1. 牛群的生产记录　如外貌测定、鉴定记录、称重记录、配种记录、产犊记录、耳号等原始记录以及汇总表。

2. 饲养管理记录　如饲料配比、日粮组成、饲喂方式、饮水、牛群调整、犊牛去势、修蹄、牛体刷拭等资料记录。

3. 疫病防治记录　如日常圈舍消毒、重大疫情预防、疫苗注射、驱虫、

药浴、疾病治疗记录，初生、死亡、出售以及引进情况记录。

4. 种牛卡片及建卡所依据的有关资料。

5. 种公牛卡片、种母牛卡片，见附表 4－2 和附表 4－5。

6. 配种、产犊、初生、断奶个体外貌鉴定，见附表 4－3、附表 4－4 和附表 4－6。

7. 秦川牛繁殖记录表，见附表 4－7。

附表 4－1

秦川牛良种登记申请表

编号：

<table>
<tr><td colspan="2">种牛所属单位名称</td><td colspan="3"></td><td>地址</td><td></td></tr>
<tr><td colspan="2">牛号或牛名</td><td></td><td>性别</td><td></td><td>出生日期</td><td>年　月　日</td></tr>
<tr><td rowspan="4">血统等级</td><td rowspan="2">父</td><td colspan="2" rowspan="2">牛号：
综合等级：
相对育种值</td><td>父</td><td>牛号：</td><td>等级：</td></tr>
<tr><td>母</td><td>牛号：</td><td>等级：</td></tr>
<tr><td rowspan="2">母</td><td colspan="2" rowspan="2">牛号：
综合等级：</td><td>父</td><td>牛号：</td><td>等级：</td></tr>
<tr><td>母</td><td>牛号：</td><td>等级：</td></tr>
<tr><td rowspan="4">本身等级</td><td>外貌</td><td colspan="3">评分：</td><td colspan="2">主要优缺点：</td></tr>
<tr><td>体尺（cm）</td><td colspan="5">评分：　体高：　体长：　胸围：　坐骨端宽：</td></tr>
<tr><td colspan="4">体重（kg）：</td><td colspan="2">评分：</td></tr>
<tr><td colspan="2">综合评定等级：</td><td colspan="2">相对育种值：</td><td colspan="2">鉴定日期：　年　月　日</td></tr>
<tr><td>填报单位</td><td colspan="2">年　月　日</td><td colspan="4">种　牛　照　片</td></tr>
<tr><td>初审单位意见</td><td colspan="2">年　月　日</td><td colspan="2">省级主管部门复审意见</td><td colspan="2">年　月　日</td></tr>
</table>

附表 4-2

种公牛卡片

个体号____________ 出生日期____________ 出生地点____________

1. 生产性能及鉴定成绩

年度	年龄	活重（kg）	体尺（cm）				鉴定结果	等级
			体高	体斜长	胸围	坐骨端宽		

2. 系谱

<table>
<tr><td colspan="2">母：个体号____________
鉴定年龄____________
体高____________ cm
体斜长____________ cm
胸围____________ cm
坐骨端宽____________ cm
体重____________ kg
等级____________</td><td colspan="2">父：个体号____________
鉴定年龄____________
体高____________ cm
体斜长____________ cm
胸围____________ cm
坐骨端宽____________ cm
体重____________ kg
等级____________</td></tr>
<tr><td>祖母：
个体号________
体重________ kg
等级________</td><td>祖父：
个体号________
体重________ kg
等级________</td><td>祖母：
个体号________
体重________ kg
等级________</td><td>祖父：
个体号________
体重________ kg
等级________</td></tr>
</table>

3. 历年配种情况及后裔品质

年份	与配母牛数	产犊母牛数	产犊数	后裔品质		
				特级	一级	二级

附表 4-3

秦川牛后备牛评定表

单位名称：　　　　　　　　　　　　　　　　地址：

牛号		性别		出生日期	年　月　日
外貌鉴定	等级 优点 缺点				
体尺	体高　　cm；体斜长　　cm；胸围　　cm 胸深　　cm；胸宽　　cm；坐骨端宽　　cm 腰宽　　cm；尻宽　　cm；尻长　　cm				
体重	初生重　　kg；1 月龄重　　kg；6 月龄重　　kg 1 岁重　　kg；1 岁半重　　kg；2 岁重　　kg				
初步评估	随着犊牛生长发育的表现情况，确定是否留种或淘汰				

评定时间：　年　月　日　　　　　　　　评定员（签名）：

附表 4-4

秦川种公牛后裔测定记录表

单位名称： 地址：

牛号	出生日期	等级	育种值	相对育种值	综合等级	备注

	类别 牛号	月龄	性别	体高（cm）	体斜长（cm）	胸围（cm）	坐骨端宽（cm）	体重（kg）	母亲牛号	备注
受测后裔										

测定时间： 年 月 日 记录员（签名）：

附表 4-5

种母牛卡片

个体号＿＿＿＿＿＿ 出生日期＿＿＿＿＿＿ 出生地点＿＿＿＿＿＿

1. 生产性能及鉴定成绩

年度	年龄	活重（kg）	体尺（cm）				鉴定结果	等级
			体高	体斜长	胸围	坐骨端宽		

2. 系谱

母：个体号＿＿＿＿＿＿ 鉴定年龄＿＿＿＿＿＿ 体高＿＿＿＿＿＿ cm 体斜长＿＿＿＿＿＿ cm 胸围＿＿＿＿＿＿ cm 坐骨端宽＿＿＿＿＿＿ cm 体重＿＿＿＿＿＿ kg 等级＿＿＿＿＿＿		父：个体号＿＿＿＿＿＿ 鉴定年龄＿＿＿＿＿＿ 体高＿＿＿＿＿＿ cm 体斜长＿＿＿＿＿＿ cm 胸围＿＿＿＿＿＿ cm 坐骨端宽＿＿＿＿＿＿ cm 体重＿＿＿＿＿＿ kg 等级＿＿＿＿＿＿	
祖母： 个体号＿＿＿＿ 体重＿＿＿＿ kg 等级＿＿＿＿	祖父： 个体号＿＿＿＿ 体重＿＿＿＿ kg 等级＿＿＿＿	祖母： 个体号＿＿＿＿ 体重＿＿＿＿ kg 等级＿＿＿＿	祖父： 个体号＿＿＿＿ 体重＿＿＿＿ kg 等级＿＿＿＿

3. 历年配种产犊成绩

年份	与配公牛		产犊情况					用途
	个体号	等级	公母	初生重（kg）	断奶重（kg）	12 月龄鉴定结果	等级	

附表 4－6

个体外貌鉴定记录表

群别＿＿＿＿＿＿　年龄＿＿＿＿＿＿　性别＿＿＿＿＿＿

个体号	父号	母号	体高（cm）	体斜长（cm）	胸围（cm）	坐骨端宽（cm）	活重（kg）	等级	备注

附表 4－7

秦川牛繁殖记录表

1. 配种等级表

群别＿＿＿＿＿＿　年龄＿＿＿＿＿＿

序号	母牛		与配公牛		配种日期			分娩		产犊牛		
	个体号	等级	个体号	等级	第一次	第二次	第三次	预产期	实产期	个体号	初生重	性别

2. 产犊登记表

群别＿＿＿＿＿＿　年龄＿＿＿＿＿＿

序号	母牛		犊牛			
	个体号	等级	个体号	性别	初生重（kg）	出生日期

3. 繁殖成绩统计表

群别____________ 年龄____________

基础母牛总数	配种		妊娠		流产		分娩		产活犊		断奶成活犊牛		每百头基础母牛断奶成活犊牛数
	头数	%	头数	%	头数	%	头数	%	头数	%	头数	%	

（赵春平、咎林森、王洪宝、王应海）

第五章
秦川牛繁育

第一节　秦川牛生殖生理

一、公牛的生殖生理

（一）公牛的生殖器官

公牛的生殖器官包括四部分：①性腺：睾丸；②输精管道：包括附睾、输精管和尿生殖道；③副性腺：包括精囊腺、前列腺和尿道球腺；④外生殖器官：包括阴茎、包皮和阴囊。

1. 睾丸　睾丸成对存在，均为长卵圆形，重 550～650 g，左侧睾丸稍大于右侧。两个睾丸分居于阴囊的两个腔内（图 5－1）。睾丸的长轴和地面垂

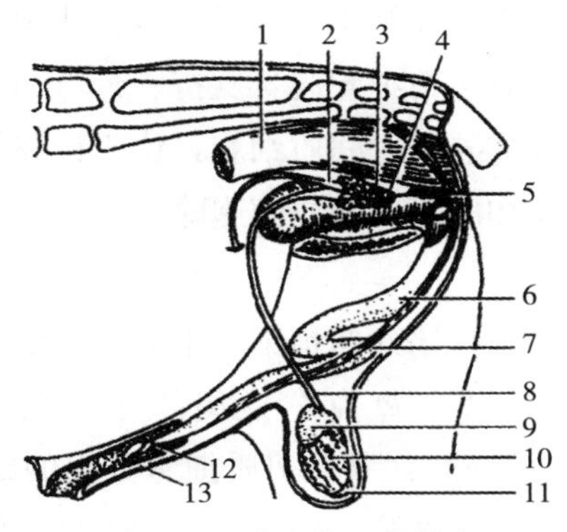

图 5－1　公牛的生殖器官

1. 直肠　2. 输精管壶腹　3. 精囊腺　4. 前列腺　5. 尿道球腺　6. 阴茎　7. S状弯曲　8. 输精管　9. 附睾头　10. 睾丸　11. 附睾尾　12. 阴茎游离端　13. 内包皮鞘

直。附睾位于睾丸的后外缘，附睾头朝上、尾朝下。

睾丸的表面被覆以浆膜，其下为致密结缔组织构成的白膜，白膜由睾丸的一端形成一条宽为0.5～1.0 cm的结缔组织索伸向睾丸实质，构成睾丸纵隔（图5-2）。纵隔向四周发出许多放射状结缔组织小梁伸向白膜，称为中隔。它将睾丸实质分成上百个锥形小叶，每个小叶内有一条或数条弯曲的精细管，又称为曲精细管，之间有间质细胞。精细管在各小叶的尖端先各自汇合，穿入纵隔结缔组织内形成弯曲的导管网，称为睾丸网，为精细管的收集管，最后由睾丸网分出10～30条睾丸输出管，汇入附睾头的附睾管。

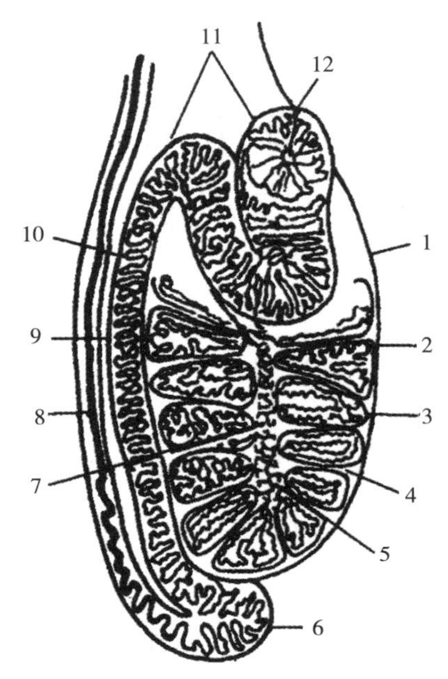

图5-2　睾丸及附睾的组织构造

1. 睾丸　2. 精细管　3. 小叶　4. 中隔　5. 纵隔　6. 附睾尾　7. 睾丸网　8. 输精管　9. 附睾体　10. 附睾管　11. 附睾头　12. 输出管

精细管的管壁由外向内是结缔组织纤维、基膜和复层生殖上皮。生殖上皮成群地排列在基膜上，可分为：①生精细胞：数量比较多，成群分布在足细胞间，大致排成3～7层，其排列呈周期性变化。根据分化特点，生精细胞分为精原细胞、初级精母细胞、次级精母细胞、精子细胞和精子。②足细胞：体积较大而细长，但数量较少，属于体细胞。足细胞对生精细胞起着支持、营养和保护等作用。足细胞失去功能，精子便不能发育成熟。③间质细胞：位于精细管之间。细胞内含有大量的滑面内质网、线粒体和脂滴。间质细胞除主要产生雄激素外，还产生少量雌激素。

主要功能：①产生精子：睾丸曲精细管中的精原细胞经多次分裂后最终形成精子，并贮存于附睾。公牛每克睾丸组织平均每天可产生1 300万～1 900万个精子。②分泌雄激素：睾丸间质细胞分泌的雄激素，能激发公畜的性欲及性兴奋，刺激并维持公畜第二性征，刺激雄性生殖道的发育，维持精子发生及附睾精子的存活。③产生睾丸液：由精细管和睾丸网产生大量的睾丸液，其中含有较高浓度的钙、钠等离子和少量蛋白质。其主要作用是维持精子的生存，并有助于精子向附睾头部移动。

阴囊是包被睾丸、附睾及部分输精管的袋状皮肤组织。其皮层较薄、被毛稀少，内层为具有弹性的平滑肌纤维组织构成的肌肉膜。

2. 附睾　附睾附着于睾丸，由头、体、尾三部分组成。头、尾粗大，体部较细。在睾丸的远端，附睾体变为附睾尾，其中附睾管弯曲减少，最后逐渐过渡为输精管，经腹股沟管进入腹腔。

附睾的功能：①吸收和分泌作用：吸收作用是附睾头及尾的一项重要生理功能，在附睾内贮存的精子 60 d 后仍具有受精能力。如果贮存过久，则活力降低，畸形精子数增加，最后死亡而被吸收。附睾还具有分泌作用。附睾液中含有许多睾丸液中不存在的有机化合物，如甘油磷脂酰胆碱、三甲基羟基丁酰甜菜碱、精子表面的附着蛋白等物质。②附睾是精子最后成熟场所：由睾丸精细管产生的精子，刚进入附睾时，颈部常有原生质滴存在。精子通过附睾过程中，原生质滴向后移行并逐渐消失。这种形态变化与附睾的物理、化学环境有关。③附睾是精子的贮存库：一头成年公牛两侧附睾聚集的精子数约为 700 多亿个，等于睾丸在 3.6 d 所产生的精子，其中约有 54%贮存于附睾尾。④附睾管的运输作用：精子在附睾内缺乏运动能力，由附睾头运送至附睾尾是依靠附睾管纤毛上皮的摆动，以及平滑肌的收缩作用，推动精子进入输精管。

3. 输精管　附睾管在附睾尾端延续为输精管，管壁由内向外分为黏膜层、肌层和浆膜层。输精管的起始端有些弯曲，很快变直，并与血管、淋巴管、神经、睾内提肌等同包于睾丸系膜内而组成精索。

输精管的功能：①运送精子：射精时，在催产素和神经系统的支配下，输精管肌层发生规律性收缩，使得附睾尾和输精管内贮存的精子排入尿生殖道。②分泌功能：输精管壶腹部也可视为副性腺的一种，牛和羊精液中部分果糖都来自壶腹部。③分解、吸收作用：输精管对死亡和老化的精子具有分解、吸收作用。

4. 副性腺　副性腺为分支的管状腺或管泡状腺，间质组织中有明显的平滑肌，包括精囊腺、前列腺及尿道球腺。射精时副性腺的分泌物与输精管壶腹的分泌物混合在一起称为精清，将来自于附睾和输精管高密度的精子稀释，形成精液。

（1）精囊腺　精囊腺为致密的分叶状腺体，腺体中央有一较小腔体；成对

存在，位于输精管末端外侧。精囊腺分泌液呈白色或黄色、偏酸性的黏稠液体，在精液中所占比例为40%～50%。

（2）前列腺　分为体部和扩散部，体部较小，而扩散部较大。体部肉眼可见，延伸至尿道骨盆部。扩散部在尿道海绵体和尿道肌之间，它的腺管成行开口于尿生殖道内。前列腺是复合管状的泡状腺体，体部和扩散部肉眼能观察到。

（3）尿道球腺　在坐骨弓背侧，位于尿生殖道骨盆部的外侧附近的一对腺体，呈球状。牛的尿道球腺埋藏在海绵肌内，一侧尿道球腺一般有一个排出管，通入尿生殖道的背侧顶壁中线两侧。

副性腺的功能：①冲洗尿生殖道，避免精子遭受尿液危害，交配前阴茎勃起时，所排出的少量液体，主要是尿道球腺所分泌，它可以冲洗尿生殖道中残留的尿液。②精子的天然稀释液，附睾排出高密度的精子，待与副性腺液混合后，精子被稀释，扩大了精液容量。③为精子提供所需的某些营养物质，如果糖等。④活化精子，副性腺液的pH一般偏碱性，碱性环境能刺激精子运动。⑤运送精液到体外，精液的射出，主要是借助于附睾管、副性腺平滑肌及尿生殖道肌肉的收缩。⑥缓冲不良环境对精子的危害。

5. 尿生殖道　是尿液和精液共同的排出管道，可分为两部分：即骨盆部和阴茎部，前者由膀胱颈直达坐骨弓，位于骨盆底壁，为一长的圆柱形管，外面包有尿道肌；后者位于阴茎海绵体腹面的尿道沟内，外面包有尿道海绵体和球海绵体肌。

射精时，从壶腹聚集来的精子，在尿道骨盆部与副性腺的分泌物相混合。在膀胱颈部的后方，有一个小的隆起，即精阜，在其上方有壶腹和精囊腺导管的共同开口。精阜主要由海绵组织构成，它在射精时可以关闭膀胱颈，阻止精液流入膀胱。

6. 阴茎　是公牛的交配器官，主要由勃起组织及尿生殖道阴茎部组成，自坐骨弓沿中线先向下，再向前延伸，达于脐部。阴茎的主体是勃起组织（海绵体），外包白膜，海绵体内为血窦组织。牛的阴茎较细，在阴囊之后折成一S形弯曲。

7. 包皮　是由游离皮肤凹陷而发育成的阴茎套。在不勃起时，阴茎头位于包皮腔内。

（二）精子与精液

1. 精子的发生　精子发生以A型精原细胞为起点，在精细管内由精原细胞经精母细胞、精细胞到精子的分化过程。精细胞在睾丸精细管内变形的过程称为精子形成。

（1）精原细胞的增殖　精原细胞位于睾丸精细管上皮的最外层，直接与精细管的基底膜相接触。精原细胞分为A型精原细胞、中间型精原细胞和B型精原细胞。精原细胞通过有丝分裂不断增殖，A型精原细胞部分通过复制形成另外一个A型精原细胞，另外的一部分进入精子发生序列，形成精母细胞。

（2）精母细胞的减数分裂　B型精原细胞位于精细管管腔的内侧，经有丝分裂，形成初级精母细胞。初级精母细胞经第一次减数分裂，形成两个次级精母细胞。次级精母细胞经历的时间很短，很快进行第二次减数分裂。一个次级精母细胞形成两个精子细胞。

（3）精子的形成　精子细胞形成后不再分裂，而在支持细胞的顶端、靠近管腔处，经复杂的形态变化，形成蝌蚪状的精子。精子细胞的高尔基体形成精子的顶体系统，线粒体形成线粒体鞘，细胞质形成原生质滴（后脱落）。

（4）支持细胞　又称为足细胞，支持细胞对精子的形成具有重要的生理作用。其生理作用：①支持作用；②营养作用；③精子变形；④分泌雄激素结合蛋白；⑤清除作用（吞噬作用）；⑥形成完整的血睾屏障；⑦合成抑制素；⑧分泌睾丸液。

2. 精子的形态结构　公牛的精子主要由头、颈和尾三部分构成。

（1）头部　精子的头部呈扁卵圆形，主要由细胞核构成，其中主要含有核蛋白及DNA、RNA、钾、钙和磷酸盐等。核的前面被顶体覆盖，顶体是一双层薄膜囊，内含精子中性蛋白酶、透明质酸酶、穿冠酶、ATP酶及酸性磷酸酶等，都与受精过程有关。顶体是一个相当不稳定的部分，容易变性和从头部脱落。如果顶体受损，精子就不再具有受精力，所以，在进行精液稀释处理时，应尽可能避免温度、pH以及渗透压变化，因为这些都会损伤顶体。

（2）颈部　在头的基部，一般当作精子头的部分，其中含有2～3个由中心小体发生而来的颗粒，形成一个基板，是尾部纤丝的附着区。颈部是精子的脆弱部分，很容易断裂。

（3）尾部　精子的尾部又分为中段、主段和末段三部分。中段由颈部延伸

而成，其中的纤丝由线粒体变成螺旋状线粒体环绕。主段是尾的最长部分，没有线粒体的变形物。末段较短，纤维鞘消失，其结构仅由纤丝及外面的精子膜组成。

精子的尾部是精子运动的动力所在，精子的运动不仅使精子从子宫颈到达输卵管，而且在受精过程中能推动精子头部进入卵子，不动的精子不具备受精能力。天生尾部异常是遗传缺陷的结果，表现为卷曲、双尾和线尾。不动的精子可能由于不当的处理和保存造成，尾部弯曲常由温度或 pH 的突然变化所致。当精子受到机械应激或渗透压的变化时，也会导致精子头部和尾部断裂。

3. 公牛的精液特性　公牛的精液主要由精子和精清组成，其一次射精量一般为 5～8 mL，精子的密度为（1.5～3.0）$\times 10^8$ 个/mL，每次射精的总精子数平均为（12～20）$\times 10^9$ 个。正常公牛射出的精液应为乳白色或灰白色，基本无气味，在显微镜下观察刚射出的新鲜精液呈云雾状。

二、母牛的生殖生理

（一）母牛的生殖器官

母牛的生殖器官包括三个部分：①性腺，即卵巢；②生殖道，包括输卵管、子宫、阴道；③外生殖器，包括尿生殖道前庭、阴唇、阴蒂。性腺和生殖道也称内生殖器官（图 5-3）。

1. 卵巢　成年未孕母牛的卵巢在没有较大卵泡和黄体时，其形态、体积和位置变化较小。随着成年后分娩次数的增多，其卵巢形态、体积和位置发生较大变化。

牛卵巢的形态为扁椭圆形，附着在卵巢系膜上，其附着缘上有卵巢门，血管、神经即由此出入。卵巢门的范围小，由结缔组织和卵巢系膜相连。卵巢形状见图 5-4。卵巢一般位于子宫角尖端外侧。初产及经产胎次少的母牛卵巢均在耻骨前缘之后；经产多次的母牛子宫因胎次增多而逐渐垂入腹腔，卵巢也随之前移至耻骨前缘的前下方。

卵巢组织分为皮质部和髓质部，两者的基质都是结缔组织。皮质内含有卵泡、卵泡的前身和后续产物（红体、黄体和白体）（图 5-5）。

卵巢的功能：①卵泡发育和排卵，由原始卵泡经过次级卵泡、生长卵泡和成熟卵泡阶段，最终排出卵子。排卵后，在原卵泡处形成黄体。②分泌雌激素和孕酮。

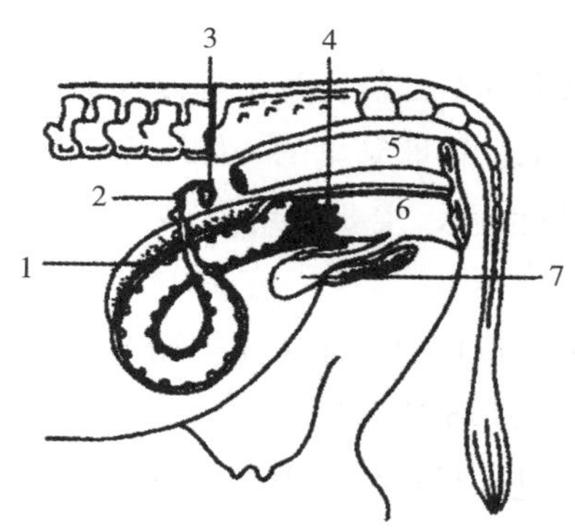

图 5－3　母牛的生殖器官

1. 子宫角　2. 输卵管　3. 卵巢
4. 子宫颈　5. 直肠　6. 阴道　7. 膀胱

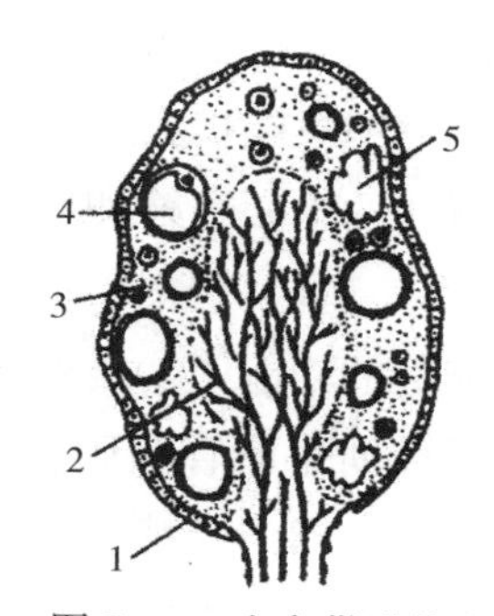

图 5－4　牛卵巢形状

1. 生殖上皮　2. 髓质部　3. 皮质部
4. 卵泡　5. 黄体

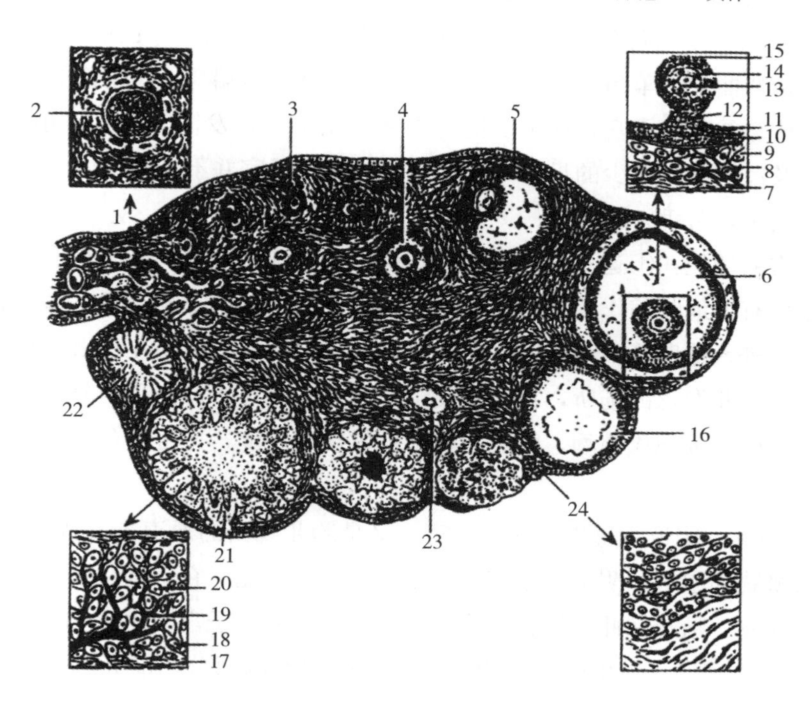

图 5－5　卵巢的组织结构

1. 原始卵泡　2. 卵泡细胞　3. 卵母细胞　4. 次级卵泡　5. 生长卵泡　6. 成熟卵泡　7. 卵泡外膜
8. 卵泡膜的血管　9. 卵泡内膜　10. 基膜　11. 颗粒细胞　12. 卵丘　13. 卵细胞　14. 透明带
15. 放射冠　16. 刚排过卵的卵泡空腔　17. 由外膜形成的黄体细胞　18. 由内膜形成的黄体细胞
19. 血管　20. 由颗粒细胞形成的黄体细胞　21. 黄体　22. 白体　23. 萎缩卵泡　24. 间质细胞

2. 输卵管　是卵子进入子宫的必经通道，包在输卵管系膜内，形状弯曲。输卵管的前 1/3 段较粗，称为壶腹部，是精卵受精部位。其余部分较细，称为峡部。靠近卵巢端扩大呈漏斗状，称为漏斗部。输卵管伞的一侧附着于卵巢的上端，漏斗的中心有输卵管腹腔口，与腹腔相通，主要接纳卵巢排出的成熟卵子。

输卵管的功能：①接纳并运送卵子，由卵巢排出的卵子先被输卵管伞部接纳，然后借助输卵管黏膜柱状细胞纤毛的活动将其运送到漏斗部和壶腹部。②精子获能、卵子受精及卵裂的场所，精子进入母畜生殖道后，首先在子宫内获能，然后在输卵管内完成获能的整个过程。另外，卵子的受精和卵裂也是在输卵管中进行的。③分泌机能，输卵管黏膜上皮的分泌细胞在卵巢激素的影响下，在不同的生理阶段，分泌的量有很大的变化。

3. 子宫　子宫可分为子宫角、子宫体和子宫颈三部分，也称为对分子宫。①子宫角弯曲如绵羊角，位于骨盆腔内。②子宫颈前端与子宫基部的连接处称为子宫体。③牛的子宫颈在不发情时管壁封闭很紧，发情时也只是稍微开放。在青年及经产胎次较少的母牛，经产多胎次的，子宫并不能完全恢复到原来的形状和大小，常垂入腹腔。

子宫的功能：①运送精子和胎儿娩出，发情时，子宫借助肌纤维有节律地、强而有力地收缩作用运送精液，使精子可能超越本身的运行速率而通过宫管连接部进入输卵管。分娩时，子宫以其强有力的阵缩将胎儿排出子宫。②精子获能和胎儿发育的场所，在母牛发情期和妊娠期，子宫内膜的分泌物和渗出物，以及内膜细胞代谢物，既可为精子提供获能环境，又可为孕体（囊胚到附植）提供营养。

4. 阴道　阴道为母牛的交配器官，又是胎儿娩出的通道。其背侧为直肠，腹侧为膀胱和尿道。阴道在生殖过程中具有多种功能。它既是交配器官，也是精子贮存库，精子在此处短暂集聚和保存，并不断向子宫输送精子。

5. 外生殖器　尿生殖前庭为从阴瓣到阴门裂的部分，前高后低，稍微倾斜。前庭自阴门下连合至尿道外口，长约 10 cm。在前庭两侧壁的黏膜下层有前庭大腺，为分支管状腺，发情时腺体分泌增强。

阴唇分左右两片，构成阴门，其上下端联合形成阴门的上下角。阴门下角呈锐角，两阴唇间的开口为阴门裂。阴唇的外面是皮肤，内为黏膜，二者之间有阴门括约肌及大量结缔组织。

阴蒂由两个勃起组织构成，分为阴蒂脚、体和头三部分。阴蒂脚附着在坐骨弓的中线两旁。阴蒂头相当于公畜的龟头，富有感觉神经末梢，位于阴唇下角的阴蒂凹陷内。

（二）母牛的性成熟

从出生开始，母牛性机能就开始发育，一般与机体的生长发育同步，要经过发生、发展至衰老的过程，可分为初情期、性成熟期、繁殖周期和繁殖机能停止期四个时期。母牛进入初情期即开始具有生殖能力，性成熟时生殖能力达到基本正常状态，当体重达到 200～250 kg 时进入完全正常的繁殖周期，到一定年龄之后，随着身体各器官的衰老，生殖能力下降导致繁殖机能停止。因饲养管理、自然环境条件、个体生长发育及健康状况等因素的不同而有差异。

1. 初情期　初情期是母牛获得繁殖能力的时期，是性成熟的初级阶段，主要依赖于下丘脑分泌足够数量的促性腺激素释放激素（GnRH）以促进卵泡发育和卵子成熟，同时，在引起排卵之前，下丘脑还必须具有对雌激素产生正反馈作用的能力。在初情期虽已具有繁殖能力，但生殖器官尚未发育完善，功能也不完全，繁殖率很低，常表现为“初情期不育”。

2. 性成熟期　母牛生长到一定年龄，生殖器官已经发育完全，可以产生功能和形态正常的卵子，具备了基本正常的繁殖功能，称为性成熟。处于性成熟期的母牛生长发育尚未完成，不宜配种。

母牛达到性成熟后，卵巢上可以周期性产生成熟的卵子；同时可以分泌类固醇激素以维持雌性动物第二性征、雌性动物生殖道发育、促进胚胎迁移和在子宫内附植与发育。卵泡是保证卵巢完成其双重功能的基本单位。初情期前，卵泡虽能发育，但不能成熟排卵，当发育到一定程度时，便闭锁退化。初情期后，在生殖激素的调节作用下，卵巢上的原始卵泡逐步发育而成熟排卵。

3. 发情周期　母牛性成熟后就开始发情，从这次发情到下次发情开始的间隔时间称为发情周期。发情周期一般为 18～24 d，平均 21 d，每次发情的持续时间为 12～18 h，青年（后备）母牛的发情表现不稳定，会出现断断续续的情况。

发情周期包括以下几个时期：

（1）发情前期　发情前期的特征是阴门肿胀，前庭充血，阴门变红，子宫颈和阴道分泌一种水样的稀的分泌物。此时，母牛表现紧张，食欲减退，容易

在牛圈内乱跑，会主动接近公牛，但不爬跨，也不接受爬跨。

（2）发情期　进入接受交配的时期。母牛发情持续12～18 h，排卵发生在发情开始后的30 h。发情母牛食欲显著下降，甚至不吃，圈内走动，时起时卧，爬墙、拱地、跳栏，允许公牛接近和爬跨。用手按母牛腰部，静立不动，这种反应称为“静立反应”或“压背反应”。阴唇黏膜呈紫红色，黏液多而浓。

（3）发情后期　发生在静立反应之后，排卵通常发情结束或发情后期开始。排卵后，卵巢腔里充满血块，黄体细胞开始快速生长，是黄体的形成和发育阶段。即使黄体还没有完全形成，卵泡腔里的黄体细胞已开始产生孕酮。此时母牛变得安静，精神抑郁，阴户肿胀减退，食欲逐渐恢复正常，拒绝公牛爬跨。

排出的卵子被输卵管接受并运送到子宫-输卵管结合部。受精发生在壶腹部。如果没有受精，卵子开始退化。受精卵和未受精卵一般在排卵后5～7 d都进入子宫。

（4）间情期　也称为休情期，是母牛发情周期持续最长的一个时期，也是黄体发挥功能的时期。这时黄体发育成一个有功能的器官，产生大量的孕酮及一些雌激素进入身体循环，作用于乳腺发育和子宫生长。子宫内层细胞生长，腺体细胞分泌一种稀的黏性物质滋养合子（即受精卵）。如果合子到达子宫，黄体在整个妊娠期继续存在；如果卵子没有受精，黄体的功能只保持14 d左右，然后受前列腺素的影响，黄体退化，以准备新的发情周期。约在第17天后，由于促卵泡素和促黄体素的释放，导致卵泡生长和雌激素水平上升。

4. 繁殖机能停止期　母牛达到一定的年龄时，发情表现逐渐减弱，发情周期延长，繁殖功能逐渐衰退，继而停止发情，称为繁殖机能停止期。

（三）母牛卵泡发育、排卵与黄体形成

1. 卵泡发育　母牛达到性成熟后，卵巢上可以周期性产生受精的卵子；同时可以分泌类固醇激素以维持雌性动物第二性征、雌性动物生殖道发育、促进胚胎迁移和在子宫内附植与发育。卵泡是保证卵巢完成其双重功能的基本单位。初情期前，卵泡虽能发育，但不能成熟排卵，当发育到一定程度时，便闭锁退化。初情期后，在生殖激素的调节作用下，卵巢上的原始卵泡逐步发育而成熟排卵。

（1）原始卵泡　原始卵泡是最小的卵泡，位于卵巢皮质，由单层扁平的细胞包裹初级卵母细胞构成，没有卵泡膜和卵泡腔，在胎儿期或出生后不久形成。随着雌性动物的生长，部分原始卵泡也开始生长，但只有极少数能发育到更高类别的卵泡，大部分卵泡都闭锁退化了。原始卵泡的数量恒定，在出生时母牛原始卵泡的数量约为10万个，性成熟期约为7.5万个，到5岁时约为2万个，老龄母牛卵巢原始卵泡数量约为2 000个。

（2）初级卵泡　由卵母细胞和其周围的单层立方形卵泡细胞构成，卵泡细胞数量逐渐增加，卵母细胞的直径增大，卵泡开始变大，但卵泡膜尚未形成，没有卵泡腔，只有少数初级卵泡能继续发育卵泡，其余的初级卵泡闭锁退化了。此发育阶段前的卵泡发育并不依赖于促性腺激素。

（3）次级卵泡　卵泡与卵母细胞体积均有明显增大，卵泡细胞层数增多至多层，靠近卵母细胞的几层细胞体积变小，称为颗粒细胞，开始分泌黏多糖，并围绕在卵母细胞外形成相对较厚呈半透明的透明带。次级卵泡还没有形成卵泡腔，但其生长发育依赖于促性腺激素。

（4）三级卵泡　在促性腺激素的作用下，卵泡发育加快，体积变大。颗粒细胞的分泌活动增加，产生大量的液体称为卵泡液，卵泡液填充颗粒细胞间的空隙后聚集在一起，在颗粒细胞间形成空腔，称为卵泡腔。在透明带周围的颗粒细胞形态呈放射状分布，形成放射冠，放射冠细胞有微绒毛伸入透明带内，放射冠、透明带和卵母细胞合称为卵丘。

（5）成熟卵泡　随着三级卵泡中卵泡液的持续增加，卵泡腔持续增大，少数三级卵泡生长至优势卵泡，突出于卵巢表面，形成水泡样结构，称为排卵卵泡或成熟卵泡，其大小从小于1 mm到数厘米，卵泡大小的变化依赖于卵泡发育阶段，闭锁状况而不同。

2. 排卵　在垂体LH峰的影响下，成熟卵泡破裂，卵丘-卵母细胞复合体随着卵泡液一起被排出的过程称为排卵。排卵前，由于颗粒细胞与卵泡内膜细胞逐渐分开，卵泡弹性也增强，在垂体LH分泌量达到一定峰值时，卵泡表面的组织层（卵巢表皮、富含胶原的白膜、卵泡外膜和内膜等）破裂，卵母细胞排出。

3. 黄体形成与退化　卵泡破裂后，卵泡壁上的毛细血管也随之破裂，血液流出并汇集形成血凝块样的结构，刚排卵时较小，从卵巢表面看呈现血红色，称为红体。红体可以持续1～3 d，具有分泌孕酮的功能。随着时间的推

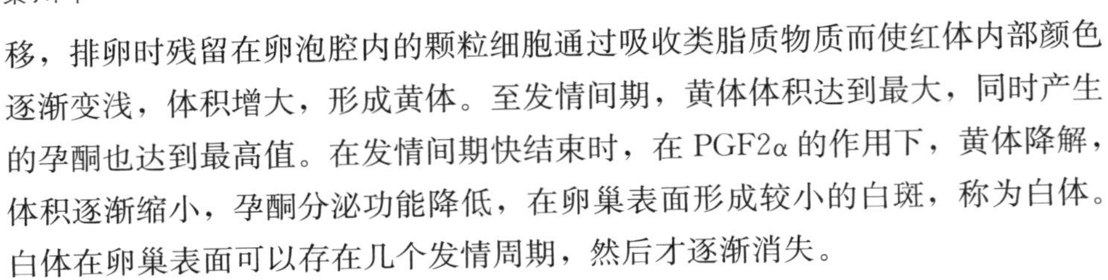

移，排卵时残留在卵泡腔内的颗粒细胞通过吸收类脂质物质而使红体内部颜色逐渐变浅，体积增大，形成黄体。至发情间期，黄体体积达到最大，同时产生的孕酮也达到最高值。在发情间期快结束时，在 PGF2α 的作用下，黄体降解，体积逐渐缩小，孕酮分泌功能降低，在卵巢表面形成较小的白斑，称为白体。白体在卵巢表面可以存在几个发情周期，然后才逐渐消失。

三、牛的配种

（一）公牛配种

用本交方式配种，每头公牛可配 30～80 头母牛，一年可繁殖犊牛 30～80 头。采用人工授精方式配种，每头公牛一年可繁殖犊牛 1 000 头以上。

成年公牛每次配种射出的精液 3～8 mL，每毫升精液约含 1.5 亿精子。精液由精子和精清组成，精子在睾丸内产生，贮存在附睾内。精清是附睾、前列腺、精囊腺和尿道球腺分泌物的混合液。目前，秦川牛的受精多采用经冷冻保存的细管冻精进行人工授精，即利用器械采集公牛的精液，经过精液品质检查等处理后，再将合格的精液输入母牛生殖道内，从而代替自然交配而使母牛受孕的一种繁殖技术。

（二）母牛的配种

1. 母牛初配年龄和体重　母牛的性成熟受品种、气候和饲养管理条件影响。秦川牛母牛达到性成熟的时间在 10～12 月龄，体重达到成年体重 65%（200～250 kg）即可配种。性成熟的小母牛虽能受胎，但犊牛初生重低，成活率低，犊牛身体发育受阻。

2. 发情鉴定　成年母牛发情周期平均为 21 d（17～24 d），青年母牛的发情周期略短于成年母牛。母牛的发情期因季节不同而有差异，一般温暖季节发情期较寒冷季节短，营养情况好时比营养情况差时短。母牛发情表现比较明显，有性欲及性兴奋的时间平均为 15（10～24）h，发情期一般为 12～18 h。排卵发生在发情开始后 28～32 h，或性兴奋结束后 10～14（3～18）h。母牛发情开始后 2～5 h，垂体前叶出现排卵前 LH 峰，LH 峰后 20～24 h（即发情结束后 10 h）排卵发生。交配或人工授精能促使排卵提前。发情现象消失后 6 h 配种受胎率较高。因此，在发情现象出现后数小时和发情结束时配种两次

（两次配种间隔 8～12 h）可以获得较高的受胎率。

母牛的发情期虽短，但发情表现明显，因此，可以通过外部观察来进行发情鉴定。另外，也可利用直肠检查法等作为发情鉴定的辅助方法。

3. 人工授精　人工授精是借助一定的器械，将一定量的合格精液输入发情母牛的生殖道内，从而使母牛受胎的一种操作技术。适时而准确地进行输精，以保证得到较高的人工授精受胎率。

对母牛输精时，要注意输精量、输精时间、输精次数以及输精部位。输精量和输入的活精子数需根据畜种和精液保存的方法确定。对个体大、经产、产后配种和子宫松弛的母牛应当增加输精量。而对于初次配种和当年空怀的母牛则可适当减少输精量。液态保存的精液，其输精量一般要比冷冻精液多；而细管精液则比精液冷冻液减少一些；精液品质较差时，输精量应适当增加，以保证输入的有效精子数。

母牛的输精方法主要用直肠把握子宫输精法，可简称为直把输精法和深部输精法。将一只手伸入直肠内，掏出宿粪后，握住子宫颈外端，压开阴门，另一只手持输精管插入阴门，先向上倾斜避开尿道口，再转入水平直向子宫颈口，借助进入直肠的一只手固定和协同动作，将输精管插入子宫颈螺旋皱襞，将精液输入子宫内或子宫颈 5～6 cm 深处。此法的优点是：①用具简单，操作安全，不易感染；②母牛无痛感刺激，处女牛也可使用；③可防止误给孕牛输精而引起流产；④输精部位深，受胎率较开膣器输精法可提高 10%～20%。

（三）母牛异常发情

1. 乏情　是指母牛在预定发情的时间内不出现发情的一种异常现象，是引起繁殖障碍、降低繁殖效率的主要原因之一。

母牛乏情主要有以下几种类型：

（1）初情期前乏情　在初情期之前，生殖器官尚不具备繁殖功能，一般不会出现发情现象，这是固有的一种正常生理现象。进入初情期则标志着已初步具有繁殖后代的能力，发情周期开始循环。初情期前乏情的主要原因及其特点有生殖器官发育不全、异性孪生繁殖障碍、近亲繁殖、营养、季节等。

（2）产后乏情　母牛分娩以后在特定的一段时间内停止发情，这是自我保护作用的一种正常生理现象，只有在子宫复旧完成之后，发情周期才开始恢复。产后正常乏情的时间大多数为 20～70 d。导致产后乏情的因素主要有哺

乳、营养、产科疾病、安静发情等。

（3）配种后乏情　母牛配种之后如未受孕，一般会在 18～23 d 之内返情，如未见到发情，达到 35～40 d 时应做直肠检查，确定是否怀孕。但应注意，约有 5%的母牛在怀孕早期仍可表现发情征兆。牛配种后未孕而乏情主要是由胚胎死亡或流产、子宫疾病等原因引起。

2. 异常发情　主要包括短促发情、持续发情、断续发情、安静发情及慕雄狂等，是生殖机能紊乱、卵巢机能不全的一种症状表现。

（1）短促发情　指发情持续时间短或症状不明显，如不注意观察，往往会错过配种机会。短促发情多见于青年母牛。原因可能是神经-内分泌系统的功能失调，卵泡很快成熟排卵，也可能由于卵泡发育受阻而引起。

（2）断续发情　发情时断时续，多见于早春及营养不良母牛，是由于卵泡交替发育所致，往往是先发育的卵泡中途停止发育，萎缩退化，新的卵泡又开始发育，因此出现断续发情的现象。

（3）安静发情　指能够正常排卵、无明显外表症状的发情，在青年母牛或者营养不良的母牛上更容易发生安静发情。

（4）慕雄狂　患牛表现出持续而强烈的发情行为，或频繁发情，产奶量下降，经常从阴门中流出黏液，阴门水肿，荐坐韧带松弛。

（5）假发情　母牛卵巢多数无功能性活动，没有或仅有极小的卵泡发育，发情周期不正常。多见于马，常无规律地表现出发情特征。

第二节　种牛选择与培育

一、种牛的饲养管理

（一）种公牛的饲养管理

1. 管理目标　体质健康，性欲旺盛，正常采精，合理利用。

2. 饲养管理要点

（1）建立良好的生活制度　饲喂、采精或配种、运动、刷拭等各项作业都应在固定的时间内进行，利用条件反射养成规律性的生活制度，便于管理操作。

（2）保证种牛充足的饮水供应　经常刷拭饮水槽，保持饮水清洁。

(3) 按时饲喂　要求早上6：30，下午5：00各饲喂1次，饲喂量依据牛的具体情况适量调整。应先粗后精、以精带粗、勤填少给，干草与青草搭配饲喂；不堆槽、不空槽，不浪费饲料。饲喂时注意拣出饲料中的异物，不喂发霉变质和冰冻饲料。

(4) 及时清理杂物　牛舍、运动场保持干燥、清洁卫生。每天梳刮牛体两次，上午、下午各1次。

(5) 严格保证公牛安全　在采精场和牛舍往返时要求两人一前一后牵牛；采精时一人牵牛一人采精。应按照顺序分批次进入采精场采精，避免采精场牛多拥挤。

(6) 适当的运动　每天2～3次，每次半小时以上，减少公牛蹄病。经常用刷子刷拭体表，增加血液循环，延长使用年限。

(7) 爱护公牛，建立亲和关系，经常刷洗，冲洗阴囊，严禁粗暴棍打　夏季一定要注意降温，用水冲洗睾丸，高温能使精液品质降低。要定期进行体内外寄生虫的驱虫工作。

(二) 母牛的饲养管理

1. 犊牛的饲养管理

(1) 0～3日龄

①初生牛犊的护理：犊牛出生后，擦干口、鼻腔内和身体上的黏液，若假死则马上进行急救；脐带消毒：在距离腹部6～8 cm处剪断脐带，使用5%碘酊消毒；然后称体重，将犊牛转移到具有保暖措施的牛栏并做好相关记录，秋冬以及早春天气寒冷，及时启用红外线保温灯进行保暖；去除多余的副乳头。

②早喂初乳：初生牛犊对初乳的吸收率随着时间的延长而降低，出生后2 h内对初乳中的免疫球蛋白吸收率最高。因此，犊牛出生后马上灌服2 kg以上的优质初乳，间隔6～8 h再灌服2 kg优质初乳，连续灌服3次；第4顿开始改用奶壶或是奶盆人工辅助练习自行吸吮，每天饲喂3次，每次2 kg，确保每头新生犊牛喝足3 d初乳。

(2) 4～60日龄

①代乳粉的饲喂：吃足3 d初乳的犊牛转为代乳粉饲喂。奶粉采用1：8的比例进行溶解饲喂，开始时每头牛每天饲喂3次，每次2 kg；随着日龄、体重的增长逐步增加饲喂量。

②添加开食料：犊牛早期饲喂开食料有助于犊牛瘤胃早期发育。因此，出生后第3天开始给犊牛提供优质易分解吸收的开食颗粒料，开食料要求粗蛋白质≥21%，适口性好，易于分解吸收；在开食料中额外添加中药发酵物改善瘤胃，提高机体抵抗力和抗病能力。

③提供充足饮水：采用自动饮水方式24 h不间断给犊牛提供干净清洁饮水，寒冷季节注意饮用水的温度。

④创建舒适生活环境：犊牛笼舍光线要充足，温度适宜，犊牛笼舍垫上干净干燥垫料，避免犊牛直接接触地面，减少四肢皮肤损伤造成的关节疾病。每天对每个犊牛笼舍至少清扫一遍，及时清除潮湿受污染垫料，并统一收集，集中进行无害化处理，减少疾病传播。

⑤去角：犊牛一般在2周龄左右即可以进行。用手触摸犊牛头顶两侧，感觉到犊牛角隆突时去角。

（3）断奶前、后犊牛的饲养管理　采用60日龄断奶法。断奶前5 d，即饲养到55 d的犊牛，从先前的早、中、晚每天3次牛奶转换成早、晚每天2次喂奶，最后过渡到60日龄每天1次喂奶即可进行断奶。

日采食最少1 kg的犊牛即可断奶。除了饲喂精料外，适当补充优质粗饲料，如优质苜蓿草。使断奶后的日粮粗蛋白质大于21%，采用自由模式进行饲喂，使其成长达到最大化。断奶后犊牛理想日增重为700～800 g。同时提供充足、新鲜的饮水，以及干燥舒适的生长环境。

2. 空怀期母牛　母牛空怀期要保持中等膘情，保证日粮合理，多喂青贮饲料，每天运动1～2 h，以保证母牛正常发情，及时把握母牛发情期，适时人工授精配种。对不能正常发情的母牛，应用直肠检查法进行生殖系统检查；对子宫、卵巢正常的牛，肌内注射复合维生素AD和维生素E注射液，使用促性腺激素释放素氯前列烯醇人工诱导发情。使用早晚2次输精的方法进行配种。

母牛输精后应尽早进行妊娠诊断，对确诊妊娠母牛，可按孕畜所需条件加强饲养管理；对确诊未妊娠的母牛，要查情补配，提高母牛的受配率。母牛怀孕中后期胎儿发育很快，需给母体供应大量营养，同时母牛体内需蓄积一定养分，以保证产后产奶量，此阶段母牛食量大增，消化功能较好。技术要点：每日饲喂3次，参考饲养标准配合日粮。上槽时保证有充分采食青粗饲料的时间，每天供给3次清洁饮水。“三九”寒冬饮水水温不要低于15℃，不喂发霉、变质的饲料。保证每天 1～2 h 的运动时间。防止母牛过肥，保持中上等膘情即可。无论舍饲或放养，都要做好保胎工作。初产母牛难产率较高，要对饲养员进行人工助产培训，使其掌握助产技术要点，准备必要的设施设备，及时做好助产工作。

3. 妊娠母牛的饲养管理　母牛妊娠后，不仅本身生长发育需要营养，而且还要满足胎儿生长发育的营养需要和为产后泌乳进行营养蓄积。因此，要加强妊娠母牛的饲养管理，使其能够正常地产犊和哺乳。

（1）加强妊娠母牛的饲养　母牛在妊娠初期，一般按空怀母牛进行饲养，到妊娠最后的 2～3 个月，要加强营养，这期间的母牛营养直接影响着胎儿生长和本身营养蓄积。舍饲妊娠母牛，要依妊娠月份的增加调整日粮配方，增加营养物质给量。对于放牧饲养的妊娠母牛，多选择优质草场，延长放牧时间，牧后每天补饲 1～2 kg 精饲料。同时，又要注意防止妊娠母牛过肥，尤其是头胎青年母牛，更应防止过度饲养，以免发生难产。

（2）做好妊娠母牛的保胎工作　在母牛妊娠期间，应注意防止流产、早产，实践中应注意以下几个方面：将妊娠后期的母牛同其他牛群分别组群，在附近的草场单独放牧；为防止母牛之间互相挤撞，放牧时不要鞭打驱赶，以防惊群；雨天不要放牧和进行驱赶运动，防止滑倒；不要在有露水的草场上放牧，也不要让牛采食大量易产气的幼嫩豆科牧草，不采食霉变饲料，不饮带冰碴水；对舍饲妊娠母牛应每日运动 2 h 左右，以免过肥或运动不足。要注意对临产母牛的观察，及时做好分娩助产的准备工作。

4. 哺乳母牛的饲养管理　为保证母牛的泌乳量，应以全株玉米青贮饲料为主，适当搭配精饲料，既有利于产奶和产后发情，也可节约精饲料。同时，保证每天 1～2 h 的合理运动，促进母牛子宫恢复，一般母牛产后 4 周子宫颈外口闭锁，母牛分娩 40～50 d 后，应用直肠检查法对母牛进行生殖系统检查。对子宫、卵巢正常的牛，人工诱导发情，应用人工授精技术，使用早晚 2 次输精的方法进行配种，母牛应在产后 80 d 内再次妊娠，保证母牛 1 年 1 犊。

（1）舍饲哺乳母牛的饲养管理　母牛产犊 10 d 内，尚处于体恢复阶段，对于产犊后体况过肥或过瘦的母牛必须进行适度饲养。对体弱母牛，产后 3 d 内只喂优质干草，4 d 后可喂给适量的精饲料和多汁饲料，并根据乳房及消化系统的恢复状况，逐渐增加给料量，但每天增加精料量不得超过 1 kg，当乳房水肿完全消失时，饲料可增至正常。若母牛产后乳房没有水肿，体质健康、粪便正常，在产犊后的第1天就可饲喂多汁料和精料，到第6～7天即可增至正常喂量。

头胎母牛产后由于饲料中富含碳水化合物的精料不足，而蛋白质给量过高易出现酮病，可使血糖降低、血和尿中酮体增加。实践中应给予高度的重视。在饲养肉用哺乳母牛时，一般以日喂3次为宜。

（2）哺乳母牛的管理　提供丰富充足的青绿饲料，保证充足运动，促进牛体的新陈代谢，改善繁殖机能，提高泌乳量，增强母牛和犊牛的健康，提高对疾病的抵抗能力。

（3）注意食盐的补给，以维持牛体内的钠钾平衡。补盐方法：可配合在母牛的精料中喂给，也可在母牛饮水的地方设置盐槽，供其自由舔食。

5. 围产期母牛　围产期指母牛分娩前15 d和分娩后15 d。在此期间，母牛生理上变化很大，在饲养管理上要特别注意。有产房的应对产房进行消毒，铺垫褥草。没有产房的应在预产期前7 d清扫牛床，铺垫褥草，保持牛床卫生干燥。

妊娠母牛在产前15 d应转入产房，单独饲养，以饲喂优质干草为主，精料减喂至原来的50%，且精料中可提高麦麸的含量，减喂食盐，禁喂霉变饲料，不喂甜菜渣、酒糟等，不饮脏水，冬季不饮冰碴水，以防止流产。

犊牛出生后，母牛就会站起来舔舐犊牛身上的胎水。母牛分娩后体力消耗很多，此时应让其安静休息，并及时喂给温热的麦麸钙盐汤，以利于母牛恢复体力和胎膜排出。犊牛护理时，要及时清除犊牛口鼻中的黏液，使犊牛头部低于身体其他部位或倒提犊牛几秒钟，确保犊牛正常呼吸；用高浓度碘酒（7%）涂抹脐带消毒；犊牛出生后30～50 min让其吃上初乳。

母牛产后15 d为恢复期，此期间母牛消化机能较弱，应逐步增加精饲料和青贮饲料的饲喂量，每天增加精饲料0.2～0.5 kg、青贮饲料1～2 kg，并及时补充矿物质、微量元素和维生素，保证母牛泌乳量快速上升，使犊牛吃上营养均衡的牛奶。可在母牛分娩后5 d起，逐渐增加精料饲喂量，同时注意供给充足的饮水，并牵出舍外，进行日光浴。

二、种牛的选择

（一）种公牛的选择

1. 挑选种公牛的要点　种公牛的选择是为了提高牛群的整体遗传性能，

增加牛群的总体质量，使牛群中所有的牛都拥有种公牛的优秀基因。在决定购买种公牛之前，需要确定今后牛群的发展方向是什么，是向偏瘦肉方向发展还是要生产较肥的肉牛，需要犊牛的初生重大还是小。牛群今后的发展方向不同，需要选择的种公牛品种也不同。一头优秀的种公牛可以繁育出生长潜力很高的后代。优秀的种公牛的后代产肉量更高，无论是活牛还是屠宰后的牛肉在牛市上售价更高。另外，优秀的种公牛所生的后代具有难产率低、生长速度快、胴体质量高和后代母牛性状高等特点，后期养牛的利润也高。具体挑选要点如下。

（1）体型外貌符合秦川牛雄性特征，两年的种公牛体重至少达到550 kg。

（2）生殖器官发育良好，中等下垂，左右对称，大小匀称，轮廓明显，没有单睾、隐睾或疝，包皮适中，包皮无积尿。

（3）毛发有光泽、密实、颜色较深，四肢强健有力，步伐开阔，行走自如，无内外“八”字形，无卧系、蹄裂现象。

（4）肌肉应轮廓清晰，显而易见，肌肉和脂肪间分界明显。

（5）选择活泼好动、口有白沫、性欲表现良好、检查过精液品质的优秀公牛。

（6）与配母牛的后代活力强、生长快、体型好、无遗传缺陷的同胞、半同胞或后代。

（7）三代系谱清楚，性能指标优良，选择EBV值100以上的种牛留种。

2. 种公牛的选留程序

（1）确定育种目标　育种目标是公牛选择的基础，同时为相关线性选择提供了指导。

（2）建立选择优先次序　重点关注对于收益有最大影响的因素。但要注意牛群的表现是遗传、环境及管理因素共同作用的结果。

（3）利用选择工具　一旦根据牛群育种目标和现阶段情况制订出优先选择性状，可以选择一系列肉牛生产者所采用的有效工具进行遗传改良。

（4）建立参照标准　可以用现有及以往公牛的后裔差异预测值作为参照。基于这些参照，后裔差异预测说明可以反映某一需求的增长或是某一特殊性状表现趋缓。

（5）找到公牛来源　为找到正确合适的公牛必须了解多种公牛来源。第一要了解、评估产品销售目录、系谱以及其他数据；第二是按照自己的选择标准进行挑选；第三是通过评估公牛的表型性状缩小选择范围。

（6）正确管理新进公牛　在第一个繁殖期内或繁殖期后，周岁公牛的管理尤为重要。应在购买1周岁公牛繁殖期之前60～90 d制订详细计划，以保证有充足的时间让公牛适应新的环境，与其他公牛相融合，让公牛达到适合繁育的身体状况。

（二）种母牛的选择

1. 种母牛选择要点　母牛个体应有高产母牛的特征表现，如世代间隔短、泌乳力高、母性行为强、育犊成绩好、适应性强等。注意母牛单个个体外貌特征的选择。种母牛的选择，主要包括体型外貌、体尺体重、生产性能、繁殖性能、生长发育、早熟性与长寿性等，重点在繁殖性状。

（1）体型外貌是生产性能的重要表征。肉用种母牛体型外貌必须符合肉牛外貌特点的基本要求。

（2）肉牛的体尺体重与其肉用性能有密切关系。一般正常情况下初生重较大的牛，以后生长发育较快，故成年体重较大，要求公犊不大于35 kg，母犊不大于30 kg。

（3）犊牛断奶重决定于母牛产奶量的多少，是衡量母牛产奶性能好坏的一项重要指标。1岁重和18月龄重对后备母牛很重要，它能充分显出其增重的遗传潜力，是选种的重要指标。

（4）繁殖性能主要包括受胎率、产犊间隔、发情的规律性、产犊能力以及多胎性。

（5）早熟性指牛的性成熟、体成熟较早，它能够较快地完成身体的发育过程，可以提前利用，节省饲料。

2. 种母牛选择程序

（1）考察该牛的系谱，即查其父母、祖父母及外祖父母的生产性能和表现情况。

（2）考察其本身的外形与结构特点，要求犊牛符合本品种牛的基本特征，结构良好，四肢端正，行动灵活。无副乳头，乳头较长，呈扁圆形，无皱纹。

（3）要选择健康无病、外貌良好、活泼、初生体重符合留养标准（初生重母犊20 kg以上）、母亲生产性能高于平均水平的母犊留养，头胎母牛所生犊牛可根据外祖母生产性能决定去留。

（4）犊牛断奶后要进行称重和鉴定，从中再选择出生长发育较好的牛进入育成期饲养。以后每到 6、12、18 月龄都要进行体尺测量、称重和外貌评定。

（5）母牛在 18 月龄时体重达到 250 kg 以上，乳房随年龄而发育增大，乳房皮肤出现皱褶，乳头松软，大小适中，分布均匀，腹部容积大，肋骨开张好，尻部及背腰平直，肢蹄健康。

（6）比较生产性能以及对某些主要疾病的抵抗力等。秦川牛的生产性能主要包括生长速度、饲料利用率、泌乳特性等。

第三节　种牛性能测定

一、种牛性能要点

1. 外貌标准　做种用的秦川牛公牛，其体质外貌和生产性能均应符合本品种的种用畜特级和一级标准，经后裔测定后方能作为主力种公畜。

2. 免疫情况　种公牛需经检疫确认无传染病，体质健壮，对环境的适应性及抗病力强。

3. 繁殖性能　成年种公牛每周可采精两次，每次可根据情况和需要连续排精两回。采精前，应先用温水清洗公牛阴茎和包皮，然后用灭菌生理盐水冲洗干净。新鲜精液的色泽应呈乳白色稍带黄色，直线前进运动精子不低于 60%，精子密度每毫升不低于 6.0 亿，精子畸形率不超过 15%。

4. 后裔测定　判断个体公牛遗传性的最好办法是后裔测定，只有根据后代性能判定的结果才是最可靠的。用几头公牛的同月龄的儿子或女儿饲养在同样的生活条件下，测定公牛后代在不同肥育阶段或全期的日增重及每增重 1 kg 所需能量与可消化的蛋白质数量。

5. 肉质性状　将公牛屠宰后计算屠宰重、屠宰率、净肉重、净肉率等。

二、测定性状与测定方法

种牛测定性状和测定方法如下。

1. 初生重　犊牛生后吃初乳前的活重，以 kg 表示。

2. 断奶重　犊牛断奶（一般为 6 月龄）时的空腹活重，以 kg 表示。

3. 12 月龄重、18 月龄重和 24 月龄重　分别指青年牛 12 月龄、18 月龄和 24 月龄的空腹活重，以 kg 表示。

4. 睾丸围　睾丸最大围度。用软尺或专用工具在公牛12月龄、18月龄、24月龄时分别测量，以cm表示。

5. 体高　鬐甲中部沿前肢后缘垂直到地面的高度。用直尺或杖尺测量，以cm表示。

6. 十字部高　十字部到地面的垂直高度。用直尺或杖尺测量，以cm表示。

7. 体斜长　肩端前缘到坐骨端外缘的直线长度。用直尺或杖尺测量，以cm表示。

8. 胸围　鬐甲后缘垂直围绕通过胸基的围度。用软尺测量，以cm表示。

9. 腹围　腹部至背部周长的最大围度。用软尺测量，以cm表示。

10. 管围　左前肢管部上1/3处的最小围度。用软尺测量，以cm表示。

11. 背膘厚　12～13肋骨间背膘厚，用超声波仪器测定，以cm表示。

12. 眼肌面积　12～13肋骨间眼肌面积，用超声波仪器测定，以cm^2表示。

13. 与配母牛产犊难易度　分为顺产、助产、引产、截胎或剖腹产四个等级。顺产是指母牛在没有任何人为助产的情况下自然分娩，助产是指人工辅助分娩，引产是指在机械等牵拉的情况下分娩，截胎或剖腹产是指采用手术截胎或剖腹助产。

14. 体型评分　18～24月龄和30～36月龄各进行一次体型评分，36月龄后进行一次成年公牛体型评分。

三、测定条件

1. 测定舍　测定舍的环境条件应一致，温度应在15～25℃，湿度应在60%～80%，通风良好。

2. 测定设备　保定栏（架）1～2台、B超仪和自动喂料系统（或全自动生产性能测定系统）。

3. 测定人员　有专职的测定员。

4. 饲养管理　受测种牛应由技术熟练的饲养员喂养，饲养员和测定员保持相对稳定。做好测定舍的温湿度控制，采用自由采食、自由饮水。饲料营养水平保持一致，保证饲料质量。

第四节　选配方法

一、选配原则

1. 避免近亲交配　近亲交配容易发生遗传疾患和生产性能下降，如繁殖力减退、死胎、畸胎、泌乳量下降、生长缓慢等。牛群近交系数应控制在6.25%以下。

2. 选择公牛时其遗传素质要优于母牛　选用的种用公牛的遗传品质要高于母牛群的遗传水平，当前所使用的公牛精液的遗传品质高于以前使用的公牛精液品质。

3. 严禁使用有缺陷的公、母牛　技术人员在选择配种用公牛时，仔细考察公牛的缺陷和后代的状态，避免出现共同缺陷的公、母牛交配组合。

4. 有计划、有重点进行选配　如果需要选择的性状较多，应先选择优先改良的重点性状，不可面面俱到。如果一次选择的改良性状太多，就会使公牛改良效果的选择差变小，改良力度降低，改良速度变慢。

二、选配准备

1. 绘制牛群血统系谱图　牛群的系谱图是制订选种选配计划的主要依据。需要的数据主要是牛场的一些原始记录，包括犊牛的初生编码和三代以上的配种记录。

2. 牛群的生产水平与体型外貌数据　这些数据包括生长发育性能记录、产奶量、乳脂率、乳蛋白率、体细胞数的记录和育种群的体型外貌线性鉴定成绩等。

3. 选择可靠的公牛　根据记录的公牛资料进行选择，是选配的主要依据。这些资料包括公牛各性状的育种值，体型线性柱形图及公牛雌性子代体型改良的效果等。

三、选配程序

（1）分析整理母牛的生产性能和外貌线性评定数据，确定育种目标。

（2）将牛群划分为核心育种群和生产牛群，一般育种群占40%，生产群占60%。通过区分育种群和生产群可以按牛群性能采用不同的选配方法，有利于加速选配的进程。

（3）分析种公牛资料，确定选配方案。核心育种群最好选择具有后裔测定成绩的优秀种公牛进行交配；商品奶牛生产群可选择后裔测定结果没出来的青年公牛进行交配。

（4）选择配种方法，落实选配计划　根据选配方案选择配种方法，可以用本交，也可以用公牛冷冻精液进行人工授精。

第五节　提高繁殖力的措施

母牛的繁殖力主要指生育和哺育后代的能力。影响繁殖力的因素很多，应针对影响繁殖力的因素，采取积极有效的措施，最大限度地提高母牛的繁殖潜力。

1. 适时配种　技术人员应经常仔细观察母牛的发情情况，并做必要的记录，应抓住适宜的配种时间，肉牛的最佳配种时间应在排卵前7～8h，即发情“静立”后的12～20h，受胎率最高。

2. 熟练的配种技术　在对母牛进行人工授精时，应使用品质好、符合标准的冷冻精液，输精操作技术规范熟练，输精器械消毒彻底，保持母牛生殖道清洁卫生，都能促进母牛受胎。

3. 减少母牛的繁殖障碍　对于不发情、异常发情、子宫内膜炎、屡配不孕，受精障碍、胚体、胎儿生长、死亡等繁殖障碍母牛，应积极预防。对于先天性和生理性不孕，如母牛生殖器官发育不正常，子宫颈狭窄，位置不正，阴道狭窄、两性畸形，异性孪生犊、种间杂交后代不育，幼稚病应注意选择、淘汰，能治疗的做好综合防治和挽救工作，以减少无繁殖能力肉牛头数。做好饲养场地环境清洁卫生，减少疾病传播。

4. 供给全面均衡的饲料　营养水平低，尤其是蛋白质、矿物质、维生素缺乏，母牛膘情太差，都影响母牛不发情或发情不明显，营养过剩，又会发生卵巢囊肿等疾病及引起死胎现象，影响了繁殖力。因此要使母牛正常发情必须调整营养水平，抓住母牛增膘措施，特别是带犊母牛应加强饲养管理。全面均衡的营养供给是保证肉牛繁殖力的重要措施。

5. 采取措施，调节环境温度　夏季炎热和冬季严寒时，肉牛的繁殖力最低，死胎率明显增高。春、秋两季气温适宜，光照充足，繁殖效率最高。高温季节应适当增加饲料浓度，选择营养价值高的青粗饲料，延长饲喂时间，增加饲喂次数，降低牛舍温度，增加排热降温措施。

6. 加强犊牛的培育　对新生犊牛应加强护理，在产犊时，应及时消毒，擦净犊牛嘴端黏液，让犊牛及时吃上初乳；同时要注意母牛的饲养，供给其充足的营养以供生产牛乳，供小牛食用。另外还要做好圈舍消毒，不给小牛不干净、发霉变质的草料。冬天，产房要注意保暖，防止贼风吹袭小牛。犊牛生后两周，应供给优质的精粗饲料训练其吃食。发现疾病应及时诊治，避免不必要的损失。

7. 开发母牛潜在的繁殖力　近年来，随着胚胎工程技术的发展，繁殖技术在提高母牛的繁殖力上已发挥出重要作用。比如已采用超数排卵、体外受精和胚胎移植等新技术，加快了肉牛的繁育速度，提高了良种数量。

（田万强、江中良、曹晖）

第六章 常用饲料

饲料是肉牛生产的物质基础，为了科学合理地利用饲料配制日粮，了解肉牛常用饲料的种类和营养特性显得十分重要。对肉牛饲料进行适宜的加工和调制可提高饲料的适口性，改善饲料的瘤胃发酵特性，消除或降低饲料中的抗营养因子，提高饲料的利用率。此外，科学地配制日粮，对提高肉牛的生产性能、改善产品品质和安全生产具有重要意义。

肉牛的常用饲料包括能量饲料、蛋白质饲料、粗饲料、青饲料、青贮饲料、矿物质饲料、饲料添加剂等。

第一节 常用饲料

一、能量饲料

能量饲料是指干物质（DM）中粗纤维（CF）低于18%、粗蛋白质（CP）低于20%的谷实类、糠麸类、草籽树实类以及淀粉质的根茎瓜果类、油脂、糖蜜等饲料原料。该类饲料一般每千克DM中含消化能10MJ以上，每千克消化能含量高于12.55MJ者属于高能量饲料，其中油脂是含能量最高的饲料原料。肉牛的主要能量来自能量饲料，其在配合日粮中占比最大，为50%～70%。禾本科的籽实是肉牛主要的能量饲料来源，因此需求量较大，占肉牛日粮的40%～70%，常用的主要为玉米、高粱等。犊牛断奶前补充能量饲料可改善生产性能。

1. 谷实类饲料　谷实类饲料是最重要的能量饲料，基本上属于禾本科植物成熟的种子。谷类籽实的结构由四部分组成，即种皮、糊粉层、胚乳和胚芽，由于四种组织的功能不同，所含的营养物质也有很大差异。谷实类饲料在全价配合饲料和精料补充料中所占比例最高，常见的谷实类主要有玉米、小麦、高粱、大麦、燕麦、粟、稻等。谷实类饲料的营养特点如下（表6-1）：

表6-1 常见谷实类饲料的养分含量及肉牛有效能含量

原料	干物质（%）	粗蛋白质（%）	粗脂肪（%）	无氮浸出物（%）	粗纤维（%）	钙（%）	磷（%）	消化能（肉牛）（MJ/kg）	产奶净能（乳牛）（MJ/kg）
玉米	86.0	8.7	3.6	70.7	1.6	0.02	0.27	14.73	7.70
小麦	87.0	13.9	1.7	67.6	1.9	0.17	0.41	14.06	7.32
高粱	86.0	9.0	3.4	70.4	1.4	0.13	0.36	12.84	6.65
皮大麦	87.0	11.0	1.7	67.1	4.8	0.09	0.33	13.01	6.99
裸大麦	87.0	13.0	2.1	67.7	2.0	0.04	0.39	13.51	7.03
燕麦带壳	87.0	10.5	5.0	58.0	10.5	—	—	—	—
燕麦去壳	87.0	15.1	5.9	61.6	2.4	—	—	—	—
稻谷	86.0	7.8	1.6	63.8	8.2	0.03	0.36	12.34	6.40
糙米	87.0	8.8	2.0	74.2	0.7	0.03	0.35	14.73	7.70
碎米	88.0	10.4	2.2	72.7	1.1	0.06	0.35	15.73	8.24

（1）无氮浸出物含量高　谷实类饲料富含无氮浸出物，一般占干物质的70%～80%，主要是淀粉，占无氮浸出物的80%～90%。淀粉是这类饲料中最有饲用价值的部分，动物消化率高，所以育肥净能高。

（2）粗纤维含量低　粗纤维平均占谷实类饲料的2%～6%，因而谷实类饲料的消化利用率高、有效能值高。

（3）蛋白质含量低且品质差　各类谷实类饲料蛋白质含量平均为10%左右，蛋白质品质差，氨基酸不平衡，缺乏必需氨基酸，特别是缺乏赖氨酸、苏氨酸、色氨酸等。配制日粮时必须予以补充。

（4）矿物质含量不平衡　谷实类饲料缺钙，一般钙含量低于0.1%，所以在日粮中应注意钙源的补充；含磷量高，一般含磷量为0.1%～0.5%，但主要是植酸磷，利用率低，并会干扰其他矿物质元素的利用。

（5）维生素含量不平衡　谷实类饲料一般富含维生素 B_1、烟酸、维生素E，但缺乏维生素A、维生素D、维生素 B_2 和维生素 B_{12} 等。

2. 常见谷实类饲料

（1）玉米　玉米是我国最主要的能量饲料之一，被称为“饲料之王”。我

国是第二大玉米生产国，产量仅次于水稻和小麦，约占世界总产量20%。玉米的加工副产品玉米胚芽饼、玉米蛋白粉、酒糟也是重要的饲料原料。

玉米分类：按品种可分为甜玉米、硬质玉米、马齿玉米、爆玉米、粉玉米；按颜色可分为黄玉米、白玉米和混合玉米。其中，黄玉米中胡萝卜素和叶黄素的含量较高，营养价值要高于白玉米。

玉米的营养特性：有效能值高，消化能（肉牛）为14.73MJ/kg，谷实类饲料中有效能含量最高；亚油酸含量高，亚油酸是目前认为唯一不能在动物体内合成、必须由饲料提供的必需脂肪酸，对动物的正常生长发育和健康具有重要影响。当日粮中玉米配比达到50%时，即可满足畜禽对亚油酸的需要；蛋白质含量低、品质差，为7%～9%；维生素组成不平衡，钙极少；含有色素。

玉米的饲用价值：玉米可大量用于肉牛饲料，饲喂肉牛时，如果蛋白质、钙、磷的量满足肉牛需要后，可全部使用玉米作为能量饲料来源满足肉牛的能量需求。青年牛以破碎、压碎的玉米饲喂较好，体重超过330 kg的肉牛饲喂整粒玉米或适当压片处理的玉米效果较好，但要注意玉米用量过高会出现积食、瘤胃膨胀和酸中毒等现象。饲喂时要注意在育肥后期要减少或者停喂玉米，否则易改变牛肉的品质。

（2）小麦　我国小麦产量位居世界第二，但是主要作为重要粮食作物，一般不作为主要饲料。

小麦分类：按季节可分为春小麦和冬小麦；按颜色可分为白皮小麦和红皮小麦。

小麦的营养特性：有效能值高，消化能（肉牛）为14.06MJ/kg，蛋白质含量高于玉米，必需氨基酸尤其是赖氨酸含量低，维生素组成不平衡，钙少磷多且主要为植酸磷，富含维生素B、维生素E。

小麦的饲用价值：小麦是牛的良好饲料，饲喂时以破碎、压扁为宜，整粒饲喂会引起消化不良。用量控制在50%以下，否则会造成瘤胃酸中毒。

（3）大麦　大麦是仅次于小麦、水稻、玉米的第四大谷物，主要用途为饲用、食用和酿酒。

大麦分类：按季节可分为春大麦和冬大麦；按有无麦麸可分为皮大麦和裸大麦。

大麦的营养特性：消化能（肉牛）为12.84MJ/kg，粗蛋白质含量较高，蛋白质中赖氨酸、色氨酸、异亮氨酸高于玉米，维生素组成不平衡，钙、磷含量高于玉米，铁含量较高。含有较多的非淀粉多糖（NSP）。

大麦的饲用价值：大麦是肉牛的优良精饲料，对育肥牛的饲用价值和玉米相同。

（4）高粱　高粱多作为粮食，很少作为饲料。

高粱分类：按用途可分为食用高粱、糖用高粱、饲用高粱和帚用高粱；按颜色可分为褐高粱、白高粱、黄高粱和混合高粱。

高粱的营养特性：有效能值高，消化能（肉牛）为 13MJ/kg 左右；蛋白质含量略高于玉米，品质差，缺乏赖氨酸、精氨酸、组氨酸和蛋氨酸；维生素组成不平衡；含有较多单宁，适口性差，日粮中应限量使用。

高粱的饲用价值：高粱也是肉牛养殖业中常用的能量饲料，饲用价值约为玉米的 95%。经压片、浸水、蒸煮、蒸压及膨化等加工后可以使高粱利用率提高 10%～15%。有研究表明，对黑麦草地放牧的 1～2 岁去势肉牛补充牛体重 1%的高粱与补充青干草或没有任何补料相比，显著提高了肉牛的日增重、屠宰重、胴体重和胴体脂肪含量。

（5）稻谷　我国是世界第一大稻谷生产国。稻谷加工过程中产生的米糠和碎米都可用于饲料。

稻谷分类：按生长习性可分为水稻和旱稻；按粒形和粒质可分为籼稻、粳稻和糯稻。

稻谷的营养特性：饲料用稻米代谢能水平和玉米相当，粗蛋白质含量和氨基酸组成与玉米接近。

稻谷的饲用价值：稻谷粉碎后的糙米或碎米在反刍动物日粮中完全可以代替玉米。

3. 糠麸类饲料　糠麸类饲料是谷实类的加工副产品，主要有米糠、小麦麸、大麦麸、高粱糠、玉米皮等。

糠麸类饲料的营养特点：粗蛋白质含量在 15%左右，高于谷实类饲料；有效能值低，约为谷实类的一半，但价格却高于谷实类饲料；缺钙，含磷量高，主要是植酸磷；B 族维生素含量丰富。

4. 常见糠麸类饲料

米糠和脱脂米糠：米糠是糙米加工成精米时分离出的皮。

米糠的营养特性：有效能值高；蛋白质含量为 12%，赖氨酸含量高于玉米，但仍需补充；钙少磷多且多为植酸磷；铁和锰含量丰富；富含 B 族维生素。

米糠的饲用价值：米糠是牛的优质饲料。

5. 油脂类饲料　油脂是油和脂的总称，是含能量最高的一类饲料原料，是配制高能饲料不可或缺的原料。

油脂类饲料的营养特性：能值高，油脂的总能值和有效能值含量都很高，属于高能饲料原料，总能值相当于碳水化合物和蛋白质的 2.25 倍。富含必需脂肪酸，可为动物提供一定量的必需脂肪酸；具有额外的热能效应，添加油脂可以使饲料的净能值增加；可促进色素和脂溶性维生素的吸收，饲料中的色素和脂溶性维生素只有溶于脂肪后才能被动物消化吸收和利用；热增耗低，高温环境下油脂供能可在一定程度上缓解动物热应激。

油脂类饲料饲用价值及注意事项：在肉牛日粮中占有 2%～5%，犊牛的代乳料中需使用足量的高品质油脂（10%～25%），椰子油、花生油、棕榈油等均可单独或混合使用。但是 2 周龄以下的犊牛对牛油中所含的硬脂酸难于消化，易导致下痢，影响发育，应加以注意。另外不饱和度较高的大豆油和棉籽油易导致犊牛脂肪氧化、生长不良和死亡率高，需经过氧化处理使之成为饱和脂肪酸或者添加抗氧化剂和维生素 E。

二、蛋白质饲料

蛋白质饲料是指 DM 中 CF 含量低于 18%，同时粗蛋白质含量高于 20% 的饲料，包括植物性蛋白质饲料（豆类籽实、饼粕类）、动物性蛋白质饲料、微生物蛋白质饲料、非蛋白氮类饲料、合成氨基酸等。

1. 植物性蛋白质饲料　植物性蛋白质饲料主要包括豆类籽实、饼粕类饲料及其他一些粮食加工副产品，其营养特点如下。

（1）粗脂肪含量变化大。

（2）粗纤维含量低，能值与中等饲料能值相似。

（3）蛋白质含量高且品质好　植物性蛋白质饲料蛋白质含量平均在 20%～50%，但是蛋白质的消化率不高，适当加工调制可提高消化率。

（4）矿物质含量不平衡：钙少磷多且主要是植酸磷。

（5）B 族维生素含量丰富，但缺乏维生素 A 和维生素 D。

（6）含有多种抗营养因子。

2. 常见的植物性蛋白质饲料　豆类籽实是兼能量饲料及蛋白质饲料为一体的饲料原料，主要指大豆（黄豆）、黑豆、秣食豆、蚕豆、豌豆、杂豆等。

大豆具有蛋白质品质好、赖氨酸含量高、有效能值高、维生素E和B族维生素含量高、钙少磷多等营养特性。熟化全脂大豆对反刍动物适口性好，但用量不能超过50%，否则会产生软脂肉。

饼粕类饲料是含油多的作物籽实经去油后的副产品，是畜禽重要的蛋白质补充饲料。饼粕类的原料有：大豆饼（粕）、菜籽饼（粕）、棉籽饼（粕）、花生饼（粕）、芝麻饼（粕）、向日葵籽饼（粕）、亚麻饼（粕）等。其中大豆饼粕是品质最好的饼粕类蛋白质饲料，能量水平较高，蛋白质含量在45%～50%，赖氨酸含量较高，可达2.5%～2.8%；赖氨酸和精氨酸的比值约为100∶130，较为恰当；异亮氨酸、色氨酸和苏氨酸含量均较高，与玉米有较好的配伍性，可弥补玉米氨基酸组成上的缺点。但是大豆饼粕含有多种毒素，需要适当地加热处理。犊牛的断奶料中可用豆粕代替部分脱脂奶粉。鉴于反刍动物特殊的消化生理特点，从降低生产成本的角度出发，成年反刍动物精料补充料中大豆饼粕的用量应逐渐下降，替代以NPN和其他纤维、低价格的原料。棉籽饼粕是棉籽经脱壳去油后的副产物，其抗营养因子棉酚对反刍动物没有毒性，是反刍动物良好的蛋白质来源，过量使用会影响日粮适口性。每头肉牛每天饲喂棉籽最多不超过1.13kg（相当于5.05g游离棉酚），可替代部分豆粕和玉米粉。饲喂犊牛需配合含胡萝卜素高的优质粗料。

酒糟是酿酒工业的副产品，因含有丰富的蛋白质（如玉米酒糟蛋白质量约占26%）常被用作反刍动物的蛋白质饲料原料。肉牛日粮中添加酒糟可以替代部分蛋白饲料而不影响肉牛的生产性能和繁殖性能，以及改善牛肉品质。酒糟还含有脂肪、纤维素和丰富的B族维生素等营养物质。酒糟主要包括干酒糟和湿酒糟。饲喂湿酒糟可提高肌质网膜中的多不饱和脂肪酸含量，改变膜的完整性，通过激活早期钙依赖性蛋白酶而增加屠宰后钙的流失速度，从而增加牛肉的柔软程度。

3. 动物性蛋白质饲料　我国禁止反刍动物饲料中使用动物源性饲料原料。因此，这部分内容不做赘述。

三、粗饲料

粗饲料是指DM中CF含量大于等于18%，并以风干物形式饲喂的饲料。粗饲料是反刍动物的重要营养源，占反刍动物日粮的40%～80%，但其消化能含量一般不超过10.5MJ/kg。这类饲料主要包括栽培牧草、干草、秸秆、

秕壳、藤蔓、树叶、糟渣等。

1. 干草　指青草或栽培的青绿饲料在未结实前刈割后经晒制或人工干燥而成的干燥饲草。制备良好的干草仍有一定的青绿色，也称青干草。主要包括豆科干草（苜蓿干草等）、禾本科干草（羊草等）、混合干草，按照干燥方法不同亦可分为天然干燥干草和人工干燥干草。

干草的营养特点：有机物质消化率高；粗纤维含量高，在20%～35%，但纤维消化率可达70%～80%；蛋白质含量变化较大，平均在7%～28%；矿物质含量丰富，一些豆科植物中的钙含量超过1%，足以满足一般家畜需要；维生素D含量可达16～150 mg/kg，胡萝卜素含量可达5～40 mg/kg。

2. 干草的调制　在自然或人工条件下，使青绿饲料迅速脱水干燥至水分含量为14%～17%时，所有细菌、霉菌均不能在其中生长繁殖，从而可长期保存饲料养分。调制后的优质干草，可较多地保存营养物质，而且具有易消化、成本低、制作简单、便于大量储存等优点。干草贮存时应注意减少营养价值的损失，包括生理呼吸作用的损失、枝叶脱落引起的养分损失、日晒作用引起的胡萝卜素损失、雨淋引起的营养物质损失、贮存过程中引起的损失等。

调制方法：调制干草有自然干燥法和人工干燥法两种，收割后的饲草应尽快调制成干草。

（1）自然干燥法　利用阳光和风等自然资源蒸发水分调制干草，简单易行成本低、不需要特殊设备。主要包括田间晒制法、草架阴干法、化学制剂干燥法、发酵干燥法。

（2）人工干燥法　利用各种干燥设备，在很短的时间内将刚收割的饲草快速干燥，使水分达到贮存要求的青草调制方法，此方法不受气候影响，干草质量优但是对设备要求高、投资大。主要包括常温鼓风干燥法、高温快速干燥法（500～1 000℃）和吹风干燥法。

3. 干草饲用价值　干草是草食动物的重要能量来源，其有效能含量虽低于能量饲料，但高于青贮饲料。从干草中获得的能量占草食动物总能摄入量的1/4～1/3。苜蓿和桑叶作为优质干草可提高秦川牛的产肉性能效果（表6-2和表6-3），还能提高瘤胃木聚糖酶和羧甲基纤维素酶活性。干草类粗饲料还具有促进消化道蠕动、增加瘤胃微生物等活性，因此，被广泛用于肉牛生产中。

表 6-2 不同粗饲料处理对秦川牛产肉性能的影响

组别	宰前活重（kg）	胴体重（kg）	净肉重（kg）	骨重（kg）
A苜蓿组	446.6±24.87[a]	265.0±23.23[a]	211.5±21.62[ab]	40.9±3.85[a]
B桑叶组	448.7±19.00[a]	271.6±23.55[a]	223.0±15.96[a]	42.8±1.76[a]
C麦草组	410.7±9.87[b]	228.5±6.68[b]	176.2±2.14[c]	34.8±0.55[b]
D对照组	432.7±22.78[a]	250.9±27.87[a]	198.0±31.00[b]	38.7±4.12[a]

表 6-3 不同粗饲料处理对秦川牛产肉性能指标的影响

组别	屠宰率（%）	净肉率（%）	胴体净肉率（%）	肉骨比（%）
A苜蓿组	59.34±0.76[a]	47.35±1.16[a]	79.81±1.07[a]	5.17±0.19[ab]
B桑叶组	60.54±0.86[a]	49.70±0.40[a]	82.11±0.74[a]	5.21±0.22[a]
C麦草组	55.64±0.53[c]	42.85±0.94[b]	77.13±1.79[b]	5.02±0.87[c]
D对照组	57.98±0.35[b]	45.76±0.29[b]	78.92±0.03[ab]	5.12±0.26[b]

4. 农作物秸秆　农作物秸秆是指各种农作物收获籽实后的茎秆枯叶部分，如谷草、玉米秸、麦秸、稻草、大豆秸、豌豆蔓等。其营养特性如下：

（1）粗灰分含量较高，大部分都是对动物没有营养价值的硅酸盐；

（2）粗纤维含量高，有效能值低；

（3）蛋白质含量很低，平均在2%～9%；

（4）缺乏维生素。

其中玉米秸具有光滑外皮、质地粗硬的特点，一般作为反刍动物的饲料。反刍动物对玉米秸粗纤维的消化率在65%左右，对无氮浸出物的消化率在60%左右。玉米秸青绿时，胡萝卜素含量较高，为3～7 mg/kg。为了提高玉米秸的饲用价值，应把晚玉米当作饲料；收割时秸秆上部作为饲料，玉米梢的营养价值高于玉米秸，玉米最好的利用方式是调制青贮饲料。

5. 粗饲料的加工调制技术　青草是反刍动物日粮的重要组成部分，但是秸秆等饲料营养价值较低，可以通过适当的加工调制措施来提高这类饲料的总营养价值，比如粉碎操作可使采食量提高7%；制粒可使采食量提高37%；化学处理可以使采食量提高18%～45%，消化率提高30%～50%。现行有效的粗饲料的加工方法包括物理处理、化学处理和生物学处理三种。

（1）物理处理法

①切短和粉碎：切短和粉碎是非常重要而又最简便的调制方法。各种秸秆

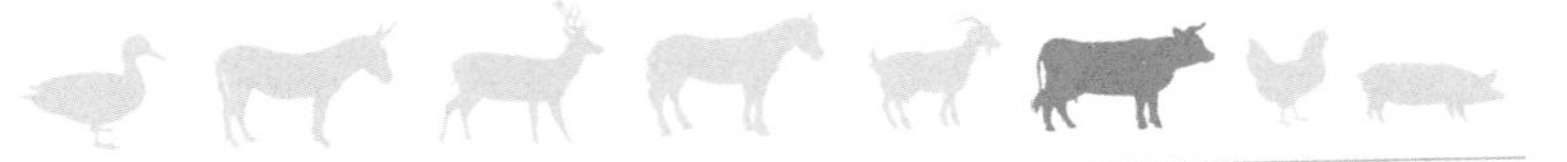

和较粗老的干草在饲喂前都应切短。粗饲料切短后便于家畜采食、咀嚼，减少浪费，而且易和其他饲料混合，以提高适口性，增加采食量。粗饲料的尺寸影响肉牛消化性能和瘤胃发酵特性，较大的粗料可能调控瘤胃环境，有助于维持瘤胃 pH。其切短的程度视家畜种类而定。一般喂牛宜切成 3～5 cm，但是不提倡将饲料粉碎后直接饲喂动物。

②揉碎：揉碎是为了适应反刍动物对粗饲料利用的特点专门的调制方法，可以将秸秆饲料揉搓成丝条，尤其是将玉米秸秆揉碎。揉碎不仅可以提高适口性，也提高了饲料利用率，是当前秸秆饲料利用比较理想的处理方法。

③浸泡：将秕壳或切短的秸秆经水淘或洒水湿润，拌入精料后喂草食家畜，在农村应用相当普遍。喂牛的粗饲料可用盐水浸泡法，即用千分之二的食盐水将秸秆分批放入，浸泡 24 h，喂时拌糠麸或精料，效果很好。

④蒸煮和膨化：蒸煮和膨化的效果因条件和环境而差距较大，而且对设备要求较大，一般在实践中难以推广。

（2）化学处理法

①碱化处理：利用氢氧化钠处理，可使纤维分子膨胀，有利于反刍动物前胃中的微生物发挥作用，提高消化率，但因碱水排放问题、NaOH 成本问题、钠离子对土壤、环境的污染问题难以解决，该技术逐渐被淘汰。

②氨化处理：是目前粗饲料化学处理的主要方法，有机物与氨发生氨解反应，形成铵盐，成为瘤胃微生物氮源，从而促进瘤胃微生物的繁殖，提高饲料的可消化性和适口性，并有碱化作用。不仅提高消化率、改善适口性，还可提供一定的氮，且对环境无污染。其中纯氨（无水氨或液氨）法可调节秸秆含水量至 15%～20%，密封秸秆后，按秸秆 DM 重的 3%～3.5%通入液氨。气温低于 5℃，需 8 周以上；气温为 5～15℃，需 4～8 周以上；气温为 15～30℃，需 1～4 周。该方法成本低，效果好，经处理后含氮量能增加一倍以上，但需专门的纯氨贮运设备与计量设备，适于大规模制作氨化。氨水法是将占秸秆重 10%左右的农用氨水（含氨 15%～20%）喷洒秸秆（逐步堆放，逐层喷洒），然后密封，处理时间同纯氨法，处理时需防护用具；尿素法或碳铵法是每 100 kg 秸秆干物质添加 5 kg 尿素（5 kg 尿素+40～60 kg 水），处理时间与气温有关。该方法简单易行，无须防护，宜于小规模制作。

③生物学处理法：利用微生物（乳酸菌、纤维分解菌、部分真菌）在厌氧条件下加入水分和糖分后发酵，从而分解纤维素或木质素，增加菌体蛋白、维

生素等有益物质。生物处理法的实质是利用微生物对粗饲料进行处理，使其软化、体积变小，适口性改善、消化率提高，如青贮（将在下文详细介绍）。

6. 粗饲料加工调制的意义　在饲料加工调制的基础上还可以把粉状的配合饲料或者草粉、草段、秸秆、甜菜渣等饲料原料加工成颗粒状、块状和饼状等固型饲料，其中以颗粒状饲料居多。大量研究证明，饲料颗粒化可以充分高效利用粗饲料资源。目前我国成型饲料的生产和加工技术应用发展很快，尤其是供反刍动物饲用的非蛋白氮-矿物质复合饲料添加剂和甜菜颗粒粕等饲料。粗饲料加工调制的意义有以下几个方面。

（1）改善低质粗饲料的可消化性和营养价值　实践证明，通过应用物理、化学或生物学的加工处理技术，破坏其木质纤维结构，可有效地提高低质粗饲料的消化率和营养价值，改善其对反刍动物的饲喂效果。

（2）改善低质粗饲料的适口性，提高采食量　限制低质粗饲料饲养效果的重要因素之一是适口性差，这主要与粗饲料的质地和木质化程度有关。通过切碎、揉碎、高温高压蒸煮处理、膨化处理、成型加工颗粒化等物理调制技术，以及碱化氨化处理和复合处理等技术措施，都可有效地改善低质粗饲料的质地和适口性，提高动物的采食量，从而提高其饲喂效果。

（3）改善低质粗饲料的营养平衡性，提高饲喂效果　低质粗饲料如果单一饲喂，养分组成很不平衡，常缺乏蛋白质、必需氨基酸、维生素、钙、磷及某些微量元素等，因而饲喂效果不佳。通过补饲适宜的养分，进行营养强化，并采用合理的加工调制技术如复合处理、成型加工技术等，调制成复合草块或颗粒饲料，可改善粗饲料的营养平衡性，充分发挥饲料养分间的正组合效应，从而提高低质粗饲料的饲喂价值。

（4）提高粗饲料的密度和容重，缩小体积，以便于粗饲料的包装、运输和贮存　低质粗饲料如秸秆类，在自然状态下密度很低、体积庞大，容重仅为30～50 kg/m^3，因此贮存、运输和利用都极为不便。经过适当的成型加工处理，调制成秸秆草块或颗粒饲料，将使秸秆产品的容重大大提高，达到500～700 kg/m^3。此外，加工成型的秸秆草块或颗粒饲料，因密度提高、吸湿性下降，有利于提高贮存过程中的稳定性。若在加工过程中再添加防腐剂，则贮存稳定性更佳。

（5）减少饲喂过程中的饲料损失浪费，利于饲养管理的机械化　粗饲料原样饲喂的粉尘损失和采食浪费相对较多，且不利于机械化操作；通过适当的机械加工调制，特别是粗饲料的成型加工调制，可有效地减少粗饲料的饲喂损失，且便于机械化喂料操作。

（6）提高低质粗饲料的利用效率，有利于对低质粗饲料资源的产业化开发和有效利用　如化学处理与机械加工调制相结合的复合处理技术，就是可供选择的可行技术之一。

实际上粗饲料的加工调制并不能完全解决粗饲料的利用问题，还应当包括应用粗饲料的补饲技术，以发挥瘤胃功能为前提，选择适宜的补充料和补充量。

四、青饲料、青贮饲料

（一）青饲料（青绿饲料）

青饲料（青绿饲料）是指天然含水量≥60%，以新鲜或青绿状态饲喂的植物性饲料。主要包括天然牧草、栽培牧草、人工牧草、青饲作物、叶菜类、鲜嫩树叶、水生植物及非淀粉质的根茎瓜果类。青绿饲料营养丰富、适口性好、消化率高，是反刍动物饲料的主要来源，合理利用青绿饲料，可以节省成本，提高养殖效益。

1. 青绿饲料的营养特性

（1）含水量高　适口性好的鲜嫩青饲料水分含量一般比较高，陆生植物牧草的水分含量为75%～90%，而水生植物约为95%，是肉牛摄入水分的主要途径，可在一定程度上起到防暑降温的作用。但水分含量高使得其他的营养素含量相对偏低，比如陆生饲料鲜重的消化能在1.2～2.5MJ/kg。反刍动物对青绿饲料的消化率可达75%～80%。

（2）维生素含量丰富　青饲料是家畜维生素营养的主要来源。青饲料中维生素特别是胡萝卜素的含量可高达50～80 mg/kg。家畜在正常采食青饲料的情况下，所获得的胡萝卜素的量超过其需要量的100倍。另外，青饲料也富含维生素E、维生素K、维生素B、维生素C。比如青苜蓿中核黄素含量为4.6 mg/kg，比玉米籽实高3倍；硫胺素1.5 mg/kg，烟酸18 mg/kg，均高于玉米籽实。但青饲料不含维生素D，且维生素B_6（吡哆醇）含量较少。

（3）蛋白质含量高且品质好　青绿饲料可为家畜提供足量的蛋白质，禾本科牧草和蔬菜类饲料的粗蛋白质平均可达到1.5%～3%，豆科青饲料蛋白质含量略高，为 3.2%～4.4%。按干物质计算，前者粗蛋白质含量达 13%～15%，后者可高达 18%～24%，虽然动物消化道的结构决定了其采食量是有限的，但青绿饲料中的蛋白质可满足家畜在任何生理状态下对蛋白质的营养需要。青绿饲料中的赖氨酸、色氨酸含量较高，可补充谷物饲料中赖氨酸的不足。青绿饲料中非蛋白氮（游离氨基酸、硝酸盐等）占总氮的 30%～60%，其中游离氨基酸占 60%～70%。反刍动物瘤胃内的微生物可以利用转化为蛋白质，利用好青绿饲料可饲喂出高产家畜。

（4）粗纤维含量低　青绿饲料含粗纤维较少，木质素低，无氮浸出物含量较高。青饲料干物质中粗纤维不超过 30%，叶菜类不超过 15%，无氮浸出物在 40%～50%。粗纤维和木质素的含量随生长期的延长而增加，即植物在开花或抽穗之前，粗纤维含量较低。木质素含量增加后，饲料消化率明显降低。据报道，每增加 1%的木质素，有机物质消化率下降 4.7%。因此，掌握好收获期十分重要。

（5）钙磷比例适宜　青绿饲料中矿物质占鲜重的 1.5%～2.5%，是矿物质营养的较好来源。尽管青绿饲料中各种矿物质含量因种类、土壤和施肥情况而各异，但是一般来说，青绿饲料中含有动物所需要的各种矿物质元素。在以青绿饲料为主要食物来源的放牧家畜中，青饲料中各种矿物质元素满足动物需要量的绝大部分。一般钙磷比例适于动物生长，特别是豆科牧草中钙的含量较高，因此，饲喂青饲料的动物不易缺钙。

2. 青绿饲料的饲用价值及注意事项　青绿饲料营养相对均衡，柔嫩多汁，适口性好，消化率高，某些青绿饲料含有未知促生长因子，而且青绿饲料价格低廉，合理使用可节约成本。但青绿饲料受季节约束，供应不稳定，同时土壤、肥料、气候、收割时期等影响导致养分含量变异大。而且由于青绿饲料含水量高，家畜采食量有限，高产家畜易出现能量摄入不足的现象。豆科青绿饲料茎叶含有皂素，肉牛采食过量易引起臌胀病。使用不当会造成家畜死亡或生产性能下降。但是优良的青饲料仍可与一些中等能量饲料相比拟，因此，青绿饲料与其调制的干草可以长期单独组成草食动物日粮，并能维持较高的生产水平。青绿饲料使用注意事项如下。

（1）收割宜嫩不宜老　青饲料的老嫩决定着其营养价值的高低。柔嫩的青饲料营养丰富，易消化，而老的植株木质化程度高，会降低家畜利用效率。

（2）加工后饲喂　一般宜将青饲料切短后饲喂牛，以减少因择食嫩茎叶而

丢弃粗老茎秆造成的损失。

（3）青饲料应新鲜清洁　青饲料割回后应及时喂完，不宜久贮，需存放的应摊开防止产热生毒。但青饲料生喂有可能会使家畜感染寄生虫病，所以对饲喂青饲料的家畜要定期驱虫。一些青饲料如带有钢毛的刺菜等适口性差会影响畜禽采食，不宜生喂。饲喂的青饲料应不带泥土、无污染。妊娠母畜还应注意在冬季不能饲喂带冰霜的饲料，以防引起流产。青绿饲料中的三叶草含有植物性雌激素，妊娠母牛长期食用会出现流产的现象，还会影响发情。在饲喂青绿饲料时要注意防止发生中毒，叶菜类饲料中含有硝酸盐，贮存不当会转化为亚硝酸盐，肉牛大量食用后会出现中毒反应，严重时会引发死亡。

（4）青饲料的饲喂与青贮相结合　为了使家畜全年均衡获得青饲料，一般要将多产的禾本科牧草加以青贮，以便冬、春两季乏青时利用。青饲料经过青贮后使草质变软提高青贮质量，带有酸香味，能增强牛的食欲，提高其采食量，青饲料的营养成分也不易被破坏。

3. 影响青绿饲料营养价值的因素

（1）土壤与肥料　土壤是植物营养物质的主要来源之一，其质量和结构直接影响植物的营养组成（矿物质），如泥炭土和沼泽土易导致钙、磷缺乏；干旱的盐碱地植物很难利用土壤中的钙；石灰质土壤植物对锰和钴吸收不良。因此施肥可以显著影响植物中各种营养物质的含量。

（2）生长阶段和部位　不同生长阶段养分含量不同，生长早期营养价值高、适口性好、消化率高；随着生长期延长营养价值、适口性、消化率均下降。不同部位养分含量不同，上部茎叶的粗蛋白含量大于下部茎叶；植物上部的粗纤维含量小于植物下部；叶片的营养价值大于茎秆。

（3）气候条件　环境温度、光照、降雨量都对青绿饲料有较大的影响；炎热多雨时植物生长快，但可消化养分少；多雨地区或季节土壤矿物质、含氮物质被淋洗，植物中矿物质及微量元素、粗蛋白质含量减少；干旱少雨时植物体钙积累较多；寒冷气候时植物含粗纤维较多，而蛋白质和脂肪含量较少。

（4）栽培技术和管理因素　一般情况下，人工栽培牧草的营养价值高于野生牧草，对牧草的管理方面主要体现在放牧上，放牧不足会导致植物变得粗老，营养价值降低；放牧过度则会造成牧草不能恢复生长，逐渐消失，放牧地总营养价值降低。

（二）青贮饲料

青贮饲料是将新鲜的或经过一定程度萎蔫的青绿饲料切碎装入青贮容器内，隔绝空气，经微生物（主要是乳酸菌）进行厌氧发酵，产生大量乳酸，抑制其他腐败菌的生长，可长期保证青绿饲料中的养分。青贮是调制和贮藏青饲料的有效方法之一，是畜牧业生产中切实可行的有效措施。我国的青贮饲料资源十分丰富，青贮的规模可大可小，既可用于大中小型农牧场、养殖场，又可用于畜禽饲养专业户和一般的农户。因此，青贮在我国广大农村和农林牧区迅速推广普及，已经广泛地用作家畜的常规饲料，对发展畜牧业起着巨大的作用。有研究表明，肉牛饲喂全株青贮玉米可增加日增重（每头日增重比对照组高 406 g）、屠宰率、胴体重以及净肉率等。青贮饲料的优点如下：①充分保存青绿饲料中的养分。青贮饲料在青贮过程中会有少量的养分损失，但不同的贮存方式养分损失也不同。一般情况下，调制成的青贮饲料养分损失不到 10%，一般调制的青草蛋白质及其他营养物质损失达到 20%～30%。②延长青饲季节。青贮可保存多余的青绿饲料，可全年均衡供给，解决了冬春季缺青绿饲料的问题。③适口性好，消化率高。青贮饲料经发酵后有酸香味，柔软多汁，适口性好，反刍动物非常喜食，同时青贮过程产生的乳酸可促进消化，青贮饲料的消化率也高于青干草。④调制方便，扩大饲料资源。青贮调制方法简单，所需设备少，成本低，可调整一些非常规性资源的适口性和收获期问题。⑤单位容积贮量大。1 m^3 的青贮料重达 500～700 kg（干物质约为 150 kg）；1 m^3 青干草重约 70 kg（干物质只有 60 kg）。⑥有利于消灭作物害虫及田间杂草。青贮过程中的压力、温度、酸度、厌氧环境可以杀灭害虫和杂草种子。

1. 青贮原理及青贮过程　青贮发酵的实质是将原料压实在密闭的环境中，通过微生物（主要是乳酸菌）的厌氧发酵，使饲料中的糖分转变为有机酸（主要是乳酸），从而提高酸度（pH 3.8～4.2）。当乳酸在青贮原料中积累到一定浓度时，就能抑制微生物的活动，防止养分被分解，从而达到长期保存饲料养分的目的。青贮发酵共有 4 个时期：

（1）呼吸阶段（好气活动阶段）　当青贮料装填、压紧并密封在青贮窖或塔内后，附着在原料上的微生物即开始生长。由于铡断的青鲜饲料内可溶性的营养成分的外渗，以及青贮饲料间或多或少的空气，各种需氧菌和兼性厌氧菌都可旺盛繁殖，包括腐败菌、酵母菌、肠道细菌和霉菌等。但由于青贮料植物

细胞的继续呼吸作用和微生物的生物氧化作用，饲料间残留的氧气很快就会耗尽，成为厌氧的环境。

（2）乳酸菌发酵阶段　由于呼吸阶段氧气被耗尽，同时各种微生物的代谢活动如糖代谢，产生了乳酸、醋酸、琥珀酸等，使青贮料 pH 下降。逐渐造成了有利于乳酸菌生长繁殖的环境，乳酸菌就旺盛地繁殖起来。首先是乳酸链球菌占优势，其后是更耐酸的乳酸杆菌占优势。当青贮料中的有机酸积累到湿重的 0.65%～1.30%，pH 为 5 以下时，绝大多数微生物的活动便被抑制，霉菌也因厌氧环境而不能活动。由于乳酸杆菌的大量繁殖，乳酸进一步积累，pH 下降，使饲料酸化成熟。其他的细菌全部都被抑制了，无芽孢的细菌逐渐死亡，有芽孢的细菌则以芽孢的形式保存休眠下来。

发酵时间随着原料的化学成分和填窖的紧密程度而不同。含蛋白质多而糖分少的豆科作物和豆科牧草，比富含糖分和淀粉的玉米秸、高粱秸和根茎叶类饲料长，填装得疏松的比紧密的长。预备发酵期通常是在青贮后 2 d 左右结束。

（3）青贮完成阶段（稳定阶段）　当乳酸菌产生的乳酸积累到一定程度时，乳酸菌本身也受到抑制，并开始逐渐地死亡。当乳酸积累到青贮饲料湿重的 1.5%～2.0%，pH 为 4.0～4.2 时，青贮料在厌氧和酸性的环境中成熟，并长时间地保存下来。

（4）二次发酵阶段（腐败期）　又称为好气性变质，指经过乳酸菌发酵的青贮料由于启窖或密封不严致空气进入，引起好气性微生物活动，使青贮饲料出现温度上升、品质败坏的现象。主要作用的微生物是酵母菌、霉菌，所以制成的青贮饲料一定要隔绝空气，控制厌氧条件，也可喷洒防霉、防腐剂（丙酸、甲酸、甲醛）。

青贮成败的关键在于达到厌氧环境，原料中糖分和水分适宜。保持厌氧环境一定要确保原料切碎并快速装载和压实，最后密封；原料中应有充足的糖分，糖是乳酸菌的原料，糖的多少直接决定了是否能够制得优质青贮饲料，原料中实际可溶性糖的含量称为实际含糖量，能使青贮料 pH 降至 4.2，所需的含糖量称为最低需要含糖量，只有实际含糖量大于最低需要含糖量才能制得优质青贮饲料；青贮需要保持适宜的含水量，普通青贮含水量在 65%～75%，半干青贮含水量在 45%～55%，至于特种青贮，因我国普遍度较少在此不做过多阐述。青贮时要做到六随三要，即随收、随运、随铡、随装、随踏、随封，要铡短、要压实、要封严。

2. 青贮饲料的调制

（1）根据植物种类、收割期、糖分含量多少选较易青贮的原料，比如玉米、高粱、甘薯藤、禾本科牧草。

（2）适度切碎，便于压实，一般切割后的长度在 2～5 cm，含水量较高的原料可以稍微加长。青贮前一定要控制原料水分在 65%～75%，若过低，则青贮料难以压实，若过高，可溶性养分损失会大量增加，同时青贮料底部会积水、腐烂，造成青贮料的损失。对于高水分原料，可晾晒后加入干草、秸秆、糠麸，低水分原料应喷入适量水分，与多汁原料混贮。

（3）制作青贮过程中应集中精力将原料快速入窖并快速装填和逐层压实，尤其是顶层，注意边角和四周。

（4）管理时注意密封与隔绝空气，制造出厌氧环境。比如 20～30 cm 长的短秸秆或软草可用塑料薄膜覆盖后在其上面加上 30～50 cm 厚的湿土。

3. 青贮饲料品质鉴定及合理利用

（1）青贮过程中的营养变化　青贮发酵过程中由于微生物的作用会使青贮作物中的可溶性碳水化合物氧化分解为水和二氧化碳，可溶性糖发酵成为乳酸或其他有机酸，部分半纤维素水解成乳酸，但是纤维素变化不大；青贮料蛋白质在 pH 小于 4.2 时会分解成氨基酸，在 pH 大于 4.2 时氨基酸会进一步分解成氨、胺等非蛋白氮；叶绿素在有机酸的作用下变成脱镁叶绿素，会使青贮料由绿色变成黄绿色，同时 β-胡萝卜素损失较多，一般会达到 30%。

（2）青贮饲料的营养价值　青贮料与原料相比，营养价值降低 3%～10%；NPN 含量增加；可溶性糖含量降低；有效能值和消化率相近；蛋白质沉积效率降低；能氮的有效性和同步性降低。

（3）青贮饲料的饲用价值　青贮料与原料相比，营养价值相近，但随意采食量下降，若青贮料的酸度或丁酸菌发酵较多，会降低采食量，青贮料中干物质比例也会影响反刍动物的采食量。

（4）青贮饲料品质鉴定　青贮饲料的品质鉴定分为感官评定和化学评定两种，见表 6-4 和表 6-5。

（5）青贮饲料的合理利用　青贮饲料开窖前应清除封窖时的覆盖物，以防泥土等杂物混入青贮料中。切勿全面打开，防曝晒、雨淋或结冻。开窖时应选择温度较低、缺少青绿饲料的季节。取料时应自上而下逐层取用，尽可能减少暴露面和搅动，取完料应将暴露面盖好；停止饲喂时需要将青贮饲料封严。青贮饲料取出后应尽快饲喂并清除剩料。青贮饲料的喂量与动物品种、年龄、青贮料的种类有关，给反刍动物饲喂青贮饲料时应在日粮中逐渐增加喂量，使动物逐步适应。母畜妊娠后期不宜多喂，产前 15 d 停喂。成年牛每 100 kg 体重日喂青贮量：泌乳牛 5～7 kg，育肥牛 4～5 kg，役牛 4～4.5 kg，种公牛 1.5～2.0 kg。在饲喂过程中要添加 $NaHCO_3$，添加量为日粮的 2%～4%。保证肉牛不会出现酸中毒现象。

表 6-4　青贮饲料感官评定

等级	颜色	气味	结构质地
优良	黄绿色、绿色	芳香酸味	柔软湿润、茎叶结构良好
中等	黄褐色、绿色	香味弱、稍有酒精味	柔软水分稍干或多，结构变形
低劣	黑色、褐色	刺鼻臭味	黏滑或干燥、粗硬腐烂

表 6-5　青贮饲料化学评定

等级	pH	乳酸比例（%）	醋酸比例（%）	（游离、结合）	丁酸比例（%）	（游离、结合）
优良	4.0～4.2	1.2～1.5	0.7～0.8	0.1～0.15	—	—
中等	4.6～4.8	0.5～0.6	0.4～0.5	0.2～0.3	—	0.1～0.2
低劣	5.5～6.0	0.1～0.2	0.1～0.15	0.05～0.1	0.2～0.3	0.8～1.0

五、矿物质饲料

矿物质饲料是指用以补充动物所需矿物质元素的可饲天然矿产及化工合成的无机盐类。动物所需的矿物质元素可分为常量元素和微量元素两大类，而矿物质饲料主要是补充常量元素即钙、磷、钾、钠、硫、氯、镁七种元素。生产中以补充钙、磷、钠、氯四种元素的原料最为常见。

1. 钙补充料　石灰石（石粉）为白色或灰白色粉末，由优质天然石灰石粉碎而成，为天然 $CaCO_3$，含钙 34%～38%；是补充钙的最廉价、最方便的原料。天然石灰石中 Pb、Hg、As、F 的含量不超过安全系数。石灰粉广泛用作微量元素预混合饲料的稀释剂或载体，一般畜禽全价料中占 0.5%～2%。贝壳粉、蛋壳粉含钙量在 24%～38%，蛋壳中除钙外还有 7%的蛋白质和 0.09%的磷，消化率高，是非常理想的钙源。

2. 其他补充料　磷酸一钙在水产动物上应用较多，磷酸二钙在家禽上应用较多，反刍动物在大量应用非蛋白氮时适量补充镁即可。食盐是唯一可提供钠和氯的矿物质饲料，与饲料混合饲喂肉牛还可以提高适口性，增加食欲。喂青贮饲料和青绿饲料时要比喂干草时多喂盐，喂高粗日粮时要比喂高精日粮时多喂盐。对牛补饲矿物质饲料，即可将其混入饲料中饲喂，也可制成舔砖拴在食槽边上或者放置在运动场上供肉牛舔舐。

六、添加剂饲料

添加剂饲料是指为保证或改善饲料品质，防止质量下降，促进动物生长繁殖，保障动物健康，在饲料生产加工、使用过程中添加的少量或微量物质，在饲料中用量很少，但作用显著。添加剂是配合饲料的重要组成部分，包括营养性添加剂和非营养性添加剂。

第二节　饲料配方设计及日粮配制

一、饲料配方设计原则

设计饲料配方必须遵守营养科学性、生理适应性、经济市场性、安全合法性、生产可行性五大原则。

1. 营养科学性　设计饲料配方时必须以饲养标准为基础，动物饲料配方设计涵盖畜牧学、动物营养学、饲料学、化学、微生物学、统计学以及计算机学等诸多学科领域的知识，配方的各项营养指标必须符合饲养标准或产品质量标准。我国已经有的饲养标准可以参照使用，如有地区性标准则可用地区标准，如国内没有标准的亦可参考国外的标准。并通过饲养实践中畜禽生长发育及生产性能等反应酌情修正，灵活使用。设计饲料配方需根据不同动物的消化生理特点，确定饲料配方中各原料的比例，必须满足动物发挥最佳生产潜能，也满足对营养素种类、数量和比例的需求，保证动物机体健康。设计配方时，要充分评估和决定饲料原料的营养成分含量及营养价值，结合相关学科研究的最新进展，运用新成果、新技术，提高配方及饲料产品的科技含量。

2. 生理适应性　饲料的适口性、易消化性和体积要与动物的消化生理特点相适应。饲料的适口性即动物对饲料的喜爱程度，直接影响动物的采食量。设计饲料配方时应选择适口性好、无异味的饲料。做幼畜饲料配方时还应考虑

幼龄动物消化机能尚未充分发育，尽量选择易消化的原料，同时搭配上适口性好或者调味剂进行调制，在最终饲喂的时候采用限饲等方法。饲料的体积与营养浓度和动物的饱感有关。体积过大，不仅给生产加工带来不利影响，而且易导致动物消化道负担过重，影响其对饲料的消化与吸收。体积过小，动物产生饥饿感，烦躁不安，生产性能得不到正常体现。饲料中的粗纤维含量与饲料体积有关，根据动物不同生理、生长、生产阶段，粗纤维应控制在适宜水平。所以设计饲料配方时，必须考虑到动物的采食量和饲料体积的关系，从而确定日粮中各饲料的比例。

3. 经济市场性　饲料企业及畜牧业生产中获得经济效益是最终目的，饲料原料的成本在饲料企业中及畜牧业生产中均占70%，设计饲料配方时，必须具有较高的经济效益。针对引进牛种（系）、改良品种（系）和集约化规模养殖，设计中高档饲料配方；而对地方畜种和小农户家庭饲养可设计较低档配方。饲料原料价格较低而畜产品售价较高时，设计高档饲料配方，以追求速度和高回报；饲料原料价格偏高而畜产品售价较低时，设计低档饲料配方，实现低成本养殖。适宜配合饲料的能量水平是获得单位畜产品最低饲料成本的关键。不用伪品、劣品，不以次充好。盲目追求饲料生产的高效益往往会导致养殖业的低效益。因此饲料厂要有较高的经济效益原料，应因地因时制宜，充分利用当地的饲料资源，降低成本。设计饲料配方时应尽量选用营养价值较高而价格低廉的饲料。生产实践中饲料加工工艺程序和节省动力的消耗等均可降低生产成本。

4. 安全合法性　设计饲料配方，选用原料时必须符合新版《饲料和饲料添加剂管理条例》(2012年5月1日起施行)、《饲料原料目录》(农业部公告第1773号)、《饲料添加剂安全使用规范》(农业部公告第1224号)、《允许使用的饲料添加剂品种目录》(农业部公告第105号)、《饲料药物添加剂使用规范》(农业部公告第168号)、《食品动物禁用的兽药及其他化合物清单》(农业部公告第193号)、《饲料卫生标准》等法律法规，选用无毒、无害、无霉变、无污染的原料。禁止使用β-激动剂类药物、三聚氰胺等违禁化学品，饲料中铜、锌、霉菌毒素含量等必须在可控范围，提高饲料产品的内在品质，确保饲料产品的卫生质量和安全指标。

5. 生产可行性　设计饲料配方时，必须考虑原材料选用的种类、质量稳定程度、价格及数量都应与市场情况及企业条件相配套。产品的种类与阶段划分应符合养殖业的生产要求，还应考虑加工工艺的可行性。

二、饲料配方设计方法

饲料配方设计时可用手工计算法或者计算机计算法进行，其中相关饲料配方软件越来越受到广大饲料配方师的喜爱。

1. 手工计算法　手工计算法常用的有试差法和交叉法。试差法是当下农村最常采用的一种饲料配比设计方法，可用于饲料中多种营养指标的计算，而不受原料种类的限制。此外，这种方法简单易学，不用借助精密的仪器，仅用纸笔、计算器，即可计算出配方，非常适用于农村养殖户全价饲料及浓缩饲料配比的计算。这种方法不足之处是计算量比较大，要配比出符合要求的全价配合饲料，一般要经过多次试算，较为盲目，核算投入时间和精力较大。

（1）试差法配比　首先，根据经验拟出各种原料的大致比例，然后用各自的比例去乘以该种原料所含的各种营养成分的百分比，再将各种原料的同种营养成分之和相加，即得该配方的每种营养成分总含量；将所得结果与饲养标准比较，如有任一营养成分不足或过多，可通过增减相应的原料进行调整和重新计算，直到与饲养标准非常接近为止。

试差法饲料配比的具体步骤如下：一是饲料配比前要确定饲喂对象，并进一步确定饲喂标准。二是根据饲喂标准，选择可使用原料，并根据原料营养成分表，确定其中营养成分的含量。三是拟定配方。通常情况下，能量需求和蛋白质含量是全价配合饲料的两个重要指标。所以，拟定配方前，一定要确定配合饲料中能量需求与蛋白质之间的关系比例。一般情况下，把能量需求和蛋白质含量指标设计到96%，这样可留下4%左右的比例添加其他矿物质或者是添加剂。采用这种方法拟定配方，可在满足能量需求和蛋白质含量指标在饲料中所占比例要求的前提下，适量补充矿物质、氨基酸以及微量元素添加剂等，可有效避免多种指标同时计算的麻烦。配方拟定之后，可进行反复计算，将结果与饲养标准进行详细比较，并进行调整，直到结果与饲养标准接近。四是补充矿物质。矿物质补充过程中，首先应考虑磷元素补充量，因为在磷元素添加适量的饲料中必定也含有足量的钙元素，补充磷元素后，再计算钙元素。对于食盐含量的添加，可根据饲养标准进行计算，一般不考虑饲料中的含量。五是补充氨基酸添加剂。最后可根据需求量确定氨基酸的添加，一般在以玉米、大豆等为主要原料的大料配方中，可根据饲养标准来确定氨基酸的添加量，差多少

补多少。目前可用于氨基酸补充的添加剂有赖氨酸和蛋氨酸，由此，在计算中只要确定这两种氨基酸的添加比例即可。

（2）交叉法　在饲料种类多及营养指标单一的情况下可以使用此法，在采用多种饲料原料和营养指标的情况下也可以使用此法，但计算时要反复进行两两组合，比较麻烦，而且不能同时满足多项营养指标。

2. 计算机计算法　在大型的饲料厂，由于有较全面的饲料品种、规格及相应的资料，通过一种较为成熟的复杂算法，给出饲料配方，而后经过技术鉴定及配方试验后，确定饲料配方，在动物养殖场内部推广应用或销售成商品。对于一些个体养殖者而言，饲料配方的获得往往是通过多年养殖的经验估算出来的，或者是通过一些简单的手工计算方法而得到草拟饲料配方。由于饲料的品种及饲养员本身的水平有限，加之计算复杂、计算量大，在选择饲料的同时，往往不能兼顾饲料的最终饲料效果及原料价格等问题，不能快速、准确、有效地得到饲料配方，养殖效果不甚理想。

随着科学技术的进步及计算机的普及，使得个体养殖者依靠计算机获得饲料配方已成为可能。但从现状来看，面向中、小养殖规模的现成软件较少，且应用的程序设计语言落后，其软件的使用性及通用性较差，不能满足养殖者的要求。因此编写一套实用的、使用简便的饲料配方系统软件是许多个体养殖者的迫切需求。目前应用最多的电子计算机设计饲料配方是线性规划法，就是把所要解决的问题归结成控制因素，在一组限定条件下求一个函数极值的问题。

三、日粮配制

日粮是指一头家畜一昼夜所采食饲料的总量。日粮配合是根据饲养标准和饲料的营养价值，选择若干饲料并按一定比例相互搭配，使其中含有的能量、蛋白质等营养物质能够满足家畜的营养需要，日粮的构成是否合理直接影响反刍动物的生产性能和饲料利用效率。所以科学的配制日粮是提高动物生产经济效益的有效措施。现主要讨论肉牛的日粮配制。

1. 肉牛日粮配制原则　①根据肉牛体重、肥育阶段选用相应的饲养标准；②掌握饲料质量，无杂质、无霉变，饲料的适口性，可消化性；③饲料种类要多样化，日粮的营养要全面；④尽量选用当地饲料资源，按质优、经济、价廉选择原料。

2. 肉牛日粮配制方法 ①按干物质（或风干物质）计算肉牛营养需要量；②查肉牛饲养标准表，确定营养需要量；③查饲料成分表，列出饲料的营养成分；④进行计算和平衡，按标准规定值调整配方；⑤纤维素含量占17%以上，蛋白质与碳水化合物比例以1∶(5～7)，钙磷比为1.3∶1为宜。

3. 计算肉牛日粮配制方法 肉牛日粮配方计算有多种方法，这里仅用营养试差法举例说明。主要是因为营养试差法综合考虑了肉牛对各种养分需要，且配制肉牛饲粮比较简单，容易操作。

A. 从饲养标准和饲料营养价值表中，分别查出肉牛的营养需要量和拟用饲料的营养价值。

B. 根据经验先列出配方并分项目计算出各种指标（如维持净能、增重净能、粗蛋白质、钙、磷等）并进行初配。

C. 补充和平衡，要设法保持能量指标基本不变，主要上调营养不足之处的水平。为此，提高相应的饲料原料，如蛋白质就要增加豆饼用量，减少玉米秸用量。重新计算，达到基本符合要求。

以体重300 kg，育肥目标为400 kg的肉牛为例，当日增重为1.5 kg时设计日粮配方如下：

(1) 根据肉牛各种营养物质需要计算饲料营养标准，结果见表6-6。

表6-6 营养标准

体重（kg）	日增重（kg）	干物质采食量（kg）	肉牛能量单位	粗蛋白质（g）	钙（g）	磷（g）
300	1.5	8.75	7.89	977	38	20

根据以上标准计算肉牛所需干物质，每千克营养物质含量是：肉牛能量单位（RND）0.9、粗蛋白质111.7 g、钙4.3 g、磷2.3 g。供选原料营养物质含量见表6-7。

表6-7 原料中营养物质含量

原料名称	干物质（%）	肉牛能量单位	粗蛋白质（%）	钙（%）	磷（%）
玉米秸	90	0.45～0.50	5.9～6.6	—	—
酒糟	37.7	0.38～1.00	9.3～24.7	—	—
玉米	88.4	1.00～1.13	8.6～9.7	0.08～0.09	0.21～0.24
麦麸	86.6	0.73～0.82	14.4～16.3	0.18～0.20	0.78～0.88

（续）

原料名称	干物质（%）	肉牛能量单位	粗蛋白质（%）	钙（%）	磷（%）
棉籽粕	88.3	0.82～0.92	32.5～36.3	0.29～0.30	0.81～0.90
石粉	92.1	—	—	33.98	—
磷酸氢钙	—	—	—	23.2	18.6
盐	95	—	—	—	—

资料来源：《中国肉牛饲养标准》《肉牛常用饲料成分与营养价值表》。

（2）确定拟配日粮中各种原料占粗料总量之百分比，并算出每千克干物质的营养价值。粗料中玉米秸占60%、酒糟占40%，计算出拟配日粮粗料的营养浓度，见表6-8。

表6-8　粗料的营养浓度（每千克干物质）

原料	占干物质（%）	肉牛能量单位	粗蛋白质（g）	钙（g）	磷（g）
玉米秸	60	0.3	39.6	—	—
酒糟	40	0.4	98.8	—	—
合计	100	0.7	138.4	—	—

（3）确定拟配日粮精料中各种原料所占比例（用线性规划法求出），并计算出每千克干物质的营养价值，见表6-9。

表6-9　精料的营养浓度（每千克干物质）

原料	占干物质（%）	肉牛能量单位	粗蛋白质（g）	钙（g）	磷（g）
玉米	82.9	0.94	80	0.75	2
麦麸	15.2	0.12	24.7	0.30	1.34
棉籽粕	1.9	0.017	6.9	0.17	0.14
合计	100	1.08	111.6	1.22	3.51

（4）按肉牛营养标准规定的能量浓度确定粗、精料比例

设：混合粗料比为x，则混合精料比为$1-x$。列方程式：$x\times0.7+(1-x)\times1.08=0.9$；$x=47.4\%$。即：混合粗料占日粮比例为47.4%，混合精料占日粮比例为52.6%。

（5）计算出日粮中各种原料所占的比例：

玉米秸＝60%×47.4%＝28.4%；

酒糟＝40％×47.4％＝19％；

玉米＝82.9％×52.6％＝43.6％；

麦麸＝15.2％×52.6％＝8％；

棉籽粕＝1.9％×52.6％＝1％。合计：100％。

（6）按日粮组成计算出每千克干物质中粗蛋白质含量为138.4×47.4％＋111.6×52.6％＝124.3 g，比标准高（124.3－111.7）＝12.6 g。

（7）日粮组成及营养物质含量余缺情况　见表6-10。

表6-10　日粮组成及营养含量余缺情况

原料	占干物质（%）	干物质采食量（kg）	饲料采食量（kg）	肉牛能量单位	粗蛋白质（g）	钙（g）	磷（g）
玉米秸	28.4	2.5	2.8	1.25	16.5	—	—
酒糟	19	1.7	4.5	1.7	419.9	—	—
玉米	43.6	3.8	4.3	4.29	368.6	3.42	9.12
麦麸	8	0.7	0.8	0.57	114.1	1.4	6.16
棉籽粕	1	0.09	0.1	0.08	32.67	0.27	0.81
合计	100	8.79	12.5	7.89	1 100.27	5.09	16.09
与标准差（±）	—	＋0.04	—	0	＋123.27	－32.91	－3.91

从表6-10可知，拟配日粮钙缺32.91 g，磷缺3.91 g，此日粮尚需平衡。

（8）平衡日粮用磷酸氢钙来调整钙、磷不足　3.91 g磷需要的磷酸氢钙量＝3.91÷186＝0.021 kg。查《饲料营养成分与营养价值表》知磷酸氢钙含钙23.2％、含磷18.6％，0.021 kg磷酸氢钙含钙为0.021×232＝4.87 g，钙量尚缺32.91－4.87＝28.04 g。用石粉来补充尚缺的28.04 g，钙：28.04÷339.8＝0.083 kg。确定盐的用量：0.22％×8.91＝19.6 g。平衡日粮组成见表6-11。

表6-11　肥育肉牛（300～400 kg）平衡日粮组成

原料	干物质采食量（kg）	饲料采食量（kg）	肉牛能量单位	粗蛋白质（g）	钙（g）	磷（g）
玉米秸	2.5	2.8	1.25	16.5	—	—
酒糟	1.7	4.5	1.7	419.9	—	—
玉米	3.8	4.3	4.29	368.6	3.42	9.12
麦麸	0.7	0.8	0.57	114.1	1.40	6.16

（续）

原料	干物质采食量（kg）	饲料采食量（kg）	肉牛能量单位	粗蛋白质（g）	钙（g）	磷（g）
棉籽粕	0.09	0.1	0.08	32.61	0.27	0.81
磷酸氢钙	0.021	0.021	—	—	4.87	3.91
石粉	0.083	0.09	—	—	28.04	
盐	0.019 6	0.02	—	—		
合计	8.91	12.6	7.89	1 100.27	38	20
与标准差（±）	+0.16	—	0	+123.27	0	0
相对偏差（±%）	+1.85	—	0	+12.62	0	0

（9）肉牛肥育期日粮组成　玉米秸 2.8 kg、酒糟 4.5 kg、玉米面 4.3 kg、麦麸 0.8 kg、棉籽粕 0.1 kg、磷酸氢钙 0.021 kg、石粉 0.083 kg、盐 0.02 kg，合计 12.6 kg。

（曹阳春、辛亚平、杨帆）

第七章
营养需要与饲养管理

第一节　公牛营养需要与饲养管理

一、公牛营养需要

公牛的营养需要包括能量、蛋白质、矿物质/维生素和微量元素。生产中能量一般容易得到满足，有时还会超标，出现过肥现象。公牛的营养需要见表7-1。

表7-1　公牛的营养需要

体重（kg）	干物质进食量（kg）	增重净能（MJ）	可消化粗蛋白质（g）	钙（g）	磷（g）	胡萝卜素（mg）	维生素A（IU）
500	7.99	112.25	423	32	24	53	21 000
600	9.17	124.52	485	36	27	64	26 000
700	10.29	133.14	544	41	31	74	30 000
800	11.37	141.01	602	45	34	85	34 000
900	12.42	153.82	657	49	37	95	38 000
1 000	13.44	166.43	711	53	40	106	42 000
1 100	14.44	174.35	764	57	43	117	47 000
1 200	15.42	179.65	816	61	46	127	51 000
1 300	16.37	185.39	866	65	49	138	55 000
1 400	17.31	194.48	916	69	52	148	59 000

二、公牛饲养

秦川牛公牛饲料的全价性是保证精液正常生产及生殖器官发育的重要条

件，特别是饲料中应含有足够的蛋白质、矿物质和维生素，这些营养物质对精液的生成与质量提高，以及对成年公牛的健康均有良好作用。根据公牛的营养需要特点，其日粮组成应种类多、品质好、适口性强、易于消化，而且青、粗、精料的搭配要适当。夏季给以优质禾本科青草，同时搭配一部分苜蓿等豆科牧草；冬季供给青干草、少量优质青贮和胡萝卜。食盐给量占精料量0.5%，日粮配比相对稳定。当饲喂豆科粗料时，精料中不应再补充钙质。同时多汁饲料不可过量，以免形成草腹。每2～3个月称体重1次，并控制体重。每天运动2次，共2h左右。每天刷拭牛只1～2次，按摩睾丸5～10min。另外应保证公牛充足而清洁的饮水，但配种、采精前后或运动前后半小时内不宜饮水，以免影响健康。由于公牛年龄、体重、气候变化以及采精间隔时间不同，营养标准也不同。幼龄期处于长身体、壮体力、对营养要求全面充足，应多样配合给适口性好、容易消化的饲料。保证青绿饲料和蛋白质的供应，这对公牛精子的形成、体质发育结实、健壮、有旺盛的性欲和高质量的精液品质都有好处。成年公牛担负着采精的负担，要根据每头牛的体重和采精频率区别对待，保证营养需求。公牛的饲养和日粮标准是根据不同时期、不同个体分别对待，不可规定太死。精料配方为：玉米24%～40%，大麦10%～23%，麦麸15%～20%，豆粕20%～30%，石粉1%，食盐1%，另外添加微量元素和维生素。混合后精料每千克含粗纤维43.5g、粗蛋白质238.9g、可消化蛋白质181.4g、脂肪43.4g、无氮浸出物467.8g、钙15.5g、磷10.5g、胡萝卜素0.5g、食盐20g。日粮中微量元素和它们之间的平衡极其重要，它们不仅影响种公牛的性欲、精液品质，也可引起睾丸病变和生殖器病变，如锰、钠、铁等缺乏或过量都会影响精子活力，密度降低，畸形精子增多，还影响性欲；钙、磷比例很重要，不能失调，否则也会影响其他元素的吸收，使精液品质下降。公牛被毛平顺有光泽表明营养良好；被毛粗糙，毛干，则为营养不良或有疾病，应及时查找原因，尽快解决。

一头成年公牛一天需要25～30kg的水，夏季炎热时饮水更多，为了保证公牛健康，每日必须供给足够的清洁饮用水，冬季应给温水，自由饮水，夏季在水中加适量盐，促使公牛多饮水，多排汗，加快代谢，防止中暑。

育成公牛除给予充足精料外，还应让其自由采食优质干草，但要防止“草腹”。

在配制公牛日粮时，应注意以下几点。

1. 供给全价精料　精料由麦麸、玉米、豆粕、燕麦等组成。采精频繁时，精料中可适当补加优质蛋白质饲料。日粮应营养全价，种类多样，适口性好，易消化，精、粗、青搭配适当，饲料蛋白质生物学价值高。多汁饲料和粗饲料不可过量，能量不宜过多，含钙量不宜过高。

2. 供给优质青干草　要保证优质豆科干草的供给量，控制玉米青贮的饲喂量。要合理搭配使用青绿多汁饲料，但切勿过量饲喂多汁饲料和粗饲料。长期饲喂过多的粗饲料，尤其是质量低劣的粗饲料，会使公牛的消化器官扩张，形成草腹，腹部下垂，导致公牛精神萎靡而影响配种效能。此外，用大量秸秆喂公牛易引起便秘，抑制公牛的性活动。

3. 合理搭配日粮　公牛的日粮可由青草或青干草、块根类及混合精料组成。一般按每日每 100 kg 公牛体重饲喂干草 1 kg、块根饲料 1 kg、青贮料 0.5 kg、精料 0.5 kg；或按每日每 100 kg 体重喂给 1 kg 干草、0.5 kg 混合精料。

4. 控制干物质的摄入量　在配制公牛的日粮时，干物质的摄入量是一个重要指标。饲料摄入量应基于公牛的实际重量和体况。一般成熟公牛每日的总干物质摄入量应为其体重的 1.2%～1.4%。此外，还应根据季节温度的变化进行调整，即在寒冷的季节因需要较高的能量，总干物质的摄入量要适当增加，而在炎热的气候条件下，总干物质摄入量则应适当减少。

5. 饲喂方法　公牛应单槽喂养，两头公牛之间的距离应保持 3 m 以上或用 2 m 高的栏板隔开，以免相互爬跨和顶架。饲喂公牛应定时定量，一般日喂 3 次。

6. 饮水充足　公牛的饮水应保证随时供给，否则公牛有可能处于应激状态，影响精液产量。水要在给料和采精前给予，公牛采精前或运动前后半小时内不宜饮水，以免影响健康。

三、公牛管理

为了使公牛体质健壮，精力充沛，除了饲喂全价稳定的日粮之外，还必须有相应的管理方法。公牛管理包括保健与卫生、牛体刷拭、消毒和防疫等环节。饲槽和舍内经常保持清洁，饲喂时清除饲草料中的杂物和霉烂变质的草料，尤其是铁钉、铁丝等杂物，所以必须保证饲草干净。每日刷拭 2 次，每次

2～3 min，刷拭时先从后躯开始，然后到腹部、颈部，最后到头部，这对促进牛体血液循环，保持牛体清洁卫生和安全生产都有很好的作用。

如果穿鼻戴环单圈饲养，坚持每天 1～2 h 行程 4 km 的适量运动，以促进代谢和血液循环，保持体质健壮和四肢蹄的健康灵活，保证精液品质，保证公牛能正常生产。刷拭牛体，保持牛体清洁卫生，每天坚持按摩睾丸 5～10 min，促进性欲和精液质量；加强护蹄，每年春秋各修蹄 1 次，合理利用公牛，3 岁以上每周采精 3～4 次，交配或采精的时间应在饲喂后 2～3 h 进行，保持公牛舍干净、平坦、坚硬、不漏，远离母牛舍。

公牛体重大，四肢蹄承受力大，应搞好护理工作。“无蹄则无牛”，一头好公牛使用年限长短在某些方面主要取决于四肢、蹄是否健康。所以，必须要定期或不定期经常检查修理牛蹄。牛场牛舍门口必须设消毒室、池，一切进场、舍人员，都要用紫外灯照射和消毒水消毒后再进入。在正常情况下，一季度消毒一次，春秋两季进行疫病检疫和防疫注射，发现问题及时处理。

第二节　母牛营养需要与饲养管理

一、母牛营养需要

成年母牛的营养需要包括仍在生长母牛、妊娠母牛以及哺乳母牛三种。从 2.4 岁到 5 岁这个阶段，母牛的体重、体尺和体型仍在继续生长发育，尚未最后完成，因而日粮所含的营养物质必须满足其生长发育的需要。由于母牛随着年龄增大而体重增加，其增重速度逐渐变慢，生长所需的营养减少，而维持需要增加，所以总的营养物质需要量仍呈增长趋势。5 岁以上母牛已经达到体成熟，在不怀胎和哺乳犊牛的情况下，只需维持需要，表 7－2 与表 7－3 所列为各阶段母牛的营养需要。

能量需要：根据秦川牛的饲养试验结果，妊娠母牛的每千克代谢体重维持净能为322 kJ，每千克增重需要的维持净能为：NEm(MJ)＝0.197 69×妊娠天数－11.671。哺乳母牛每千克代谢体重维持的净能需要为 322 kJ。

蛋白质需要：①妊娠后期母牛的粗蛋白质需要：按维持需要加生产需要计算，每千克代谢体重维持的粗蛋白质需要为 4.6 g；妊娠第 6～9 个月时，在维持基础上分别增加 77 g、145 g、255 g 和 403 g 粗蛋白质。②哺乳母牛的粗蛋白质需要：每千克代谢体重维持的粗蛋白质需要为 4.6 g。

表 7-2　2.5～5 岁母牛的营养需要

体重（kg）	干物质（kg）	粗蛋白质（g）	增重净能（MJ）	钙（g）	磷（g）	胡萝卜素（mg）	每千克干物质含代谢能（MJ）
300	5.53	523	13.64	20	14	40	8.36～9.20
350	5.87	547	13.81	19	14	40	8.36～9.20
400	6.15	560	13.81	18	15	40	8.36～9.20
450	6.38	571	14.48	17	16	40	8.36～9.20
500	6.89	616	14.73	18	18	43	8.36～9.20

表 7-3　5 岁以上成年母牛的维持营养需要

体重（kg）	干物质（kg）	粗蛋白质（g）	增重净能（MJ）	钙（g）	磷（g）	胡萝卜素（mg）	每千克干物质含代谢能（MJ）
400	5.55	492	9.29	13	13	30	7.53～8.79
450	6.06	537	10.13	15	15	33	7.53～8.79
500	6.56	582	10.96	16	16	35	7.53～8.79
550	7.04	625	11.80	18	18	38	7.53～8.79
600	7.52	667	12.59	20	20	40	7.53～8.79

1. 妊娠母牛的营养需要　妊娠母牛的营养需要与胎儿的生长发育有直接关系。妊娠前期胎儿的增重较慢，所需营养不多，中期以后，胎儿的增重开始加快，胎儿的增重主要集中在妊娠的最后 3 个月，此期的增重占犊牛初生重的 70%～80%，胎儿需要从母体中吸收大量的营养。如果胚胎期胎儿的生长发育受阻或发育不良，出生后就难以补偿，会造成犊牛的生长缓慢，增重速度减慢，增加饲养成本，降低经济效益。同时，母牛体内需蓄积一定的养分，以保证产后的泌乳量，满足哺乳的需要。妊娠母牛在妊娠最后 3 个月每天需要增加的营养需要量见表 7-4。

表 7-4　妊娠母牛最后 3 个月每天需要增加的营养量

成年体重（kg）	粗蛋白质（g）	增重净能（MJ）	钙（g）	磷（g）	胡萝卜素（g）
550 以下	90	3.56	4.5	3	3.8×10^{-3}
550 以上	120	4.81	6	4	5×10^{-3}

如果在舍饲情况下，应以青粗饲料为主适当搭配精饲料的原则，参照饲养

标准饲喂。粗料若以燕麦秸秆粉为主，由于蛋白质含量低，则需搭配 1/3～1/2 的优质豆科牧草，再补饲饼粕类，也可以用尿素代替部分饲料蛋白。如果没有豆科牧草，可用青草补料标准的 1.3 倍补饲混合料，同时还要注意燕麦秸秆粉的质量，粗硬且适口性差的燕麦秸秆粉需进行适当的加工，改善其适口性，才能增加采食量，减少浪费。粗料若以麦秸、稻草等为主，同样应搭配优质豆科牧草，并补给混合精料和维生素 A 或胡萝卜素。混合精料的配方可参照：玉米 27%、大麦 25%、豆粕 20%、麸皮 25%、细石粉 0.5%、食盐 1%、1.7% 为赋性剂。每头牛每天应添加的维生素 A 的量为 1 200～1 600 IU。体重 500 kg 妊娠母牛中期的营养需要见表 7－5。

表 7－5　体重 500 kg 的妊娠母牛中期的每天营养需要

营养物质	需要量	营养物质	需要量
干物质（kg）	9.5	钙（%）	0.21
代谢能（MJ/kg）	5.9	磷（%）	0.26
蛋白质（%）	7.8	维生素 A（IU）	27 000

如果是在以放牧为主的秦川牛生产中，青草季节应尽量延长放牧时间，一般可以不进行补饲。而在枯草季节，应根据牧草的质量和牛的营养需要确定补饲草料的种类和数量，特别是在怀孕后期的 2～3 个月，应重点补饲以补充所需营养。由于牛长期吃不到青草，维生素的摄入量不足，故可用胡萝卜或维生素 A 添加剂来补充，每天每头牛补饲胡萝卜 0.5～1 kg，同时补饲精料以满足妊娠牛对营养物质的全面需求，每天每头牛应补充精料 0.8～1 kg。精料配方可参照：玉米 50%、糠麸类 10%、油粕类 30%、高粱 7%、细石粉 2%、食盐 1%，另需每 100 kg 添加维生素 A 100 万 IU，也可通过单独饲喂胡萝卜来满足需要。

2. 哺乳母牛的营养需要　产犊后用乳汁哺育犊牛的母牛称为哺乳母牛。哺乳期犊牛生长的快慢与哺乳母牛泌乳量的高低有很大关系，人们通常把母牛分娩前 1 个月和产后 70 d 称为母牛饲养关键的 100 d，这 100 d 饲养得好坏，对母牛的分娩、泌乳、产后发情、配种受胎、犊牛的初生重和断奶重以及犊牛的健康和正常发育都十分重要。带犊泌乳牛的采食量及营养要求是母牛各生理阶段中最高的和最关键的，热能需要量增加 50%，蛋白质需要量加倍，钙、磷需要量增加 3 倍，维生素 A 需要量增加 50%。母牛的日粮中如果缺乏这些物质，会使其犊牛生长停滞以及患下痢、肺炎和佝偻病等，严重时还可损害母牛的健康。为了使母牛获得充足的营养，应给以品质优良的青草和干草。豆科牧草是母牛蛋白质和钙质的良好来源。为了使母牛获得足够的维生素，可多喂青绿饲料，冬季可加喂青贮料、胡萝卜和大麦芽等。

母牛分娩后的前几天，体力尚未恢复，消化机能很弱，必须给予容易消化的日粮，粗饲料应以优质干草为主，精料最好用小麦麸，每天 0.5～1.0 kg，逐渐增加，并加入其他饲料，待 3～4 d 后就可转入正常日粮的饲喂。秦川牛母牛产后恶露还没有排净之前，不可喂过多精料，以免影响生殖器官的复原和产后发情。

母牛生产 1 kg 的标准乳需要消耗 1.67 MJ 增重净能以及约 140 g 干物质，相当于 0.3～0.4 kg 配合饲料的营养物质。因而，如果母牛产后不及时增加营养，就会使其泌乳量下降，影响母牛的健康状况。营养物质的增加量可在原日粮（维持或生长日粮）的基础上按其泌乳量的高低增加。每产 1 kg 乳应加喂饲料干物质 0.45 kg（应至少含粗蛋白质 85 g、综合净能 2.57 MJ、钙 2.46 g、磷 1.12 g、胡萝卜素 2.5 mg），其泌乳母牛的泌乳只是为了满足犊牛的哺乳需要，故可以按哺乳母牛的营养需要（表 7－6）来进行日粮的配合。

表 7－6　哺乳母牛的营养需要

体重（kg）	干物质（kg）	综合净能（MJ）	粗蛋白质（kg）	钙（kg）	磷（kg）
300	4.47	2.36	0.332	0.010	0.010
350	5.02	2.65	0.372	0.012	0.012
400	5.55	2.93	0.411	0.013	0.013
450	6.06	3.20	0.449	0.015	0.015
500	6.56	3.46	0.486	0.016	0.016
550	7.04	3.72	0.522	0.018	0.018

母牛泌乳量在高峰期过后表现下降趋势，如能采取各种有效措施，如继续采食全价的配合饲料、标准化饲养，加之科学合理的管理，便可以减缓泌乳量下降的速度，增加产乳量。

二、母牛饲养

母牛饲养管理的好坏标准主要是观察犊牛健康与否、初生重和断奶重的大

小、哺育犊牛能力的好坏、断奶成活率的高低、产犊后的返情早晚以及泌乳量的高低等。因此，对秦川牛母牛的饲养管理要本着上述原则，采取相应的措施。

1. 妊娠母牛饲养　在饲养上，由于妊娠期前6个月胚胎生长发育缓慢，胎儿各组织器官处于分化形成阶段，不必为妊娠母牛增加额外的营养，只要使其保持中上等膘情即可。应以优质青干草及青贮料为主，添加适当的精料和青绿多汁料，尤其是满足维生素A、维生素D、维生素E和微量元素需要量。

但在妊娠的最后3个月需增加营养物质的供给，以满足胎儿的生长发育需要及保证产后的泌乳需要。妊娠最后2～3个月胎儿增重加快，胎儿的骨骼、肌肉、皮肤等生长最快，需要大量的营养物质，其中蛋白质和矿物质的供给尤为重要。一般母牛在分娩前3个月，至少要增重45～70 kg，才能保证产犊后的正常泌乳与发情，但也不可使秦川牛母牛过肥，应合理控制营养成分的供给，以免因胎儿过大而造成母牛难产。目前，在秦川牛饲养中，经常使用西门塔尔牛做父本，由于体型上的差异，难产现象时有发生，特别是在初产母牛上表现更为突出。妊娠母牛的营养需要除满足能量和蛋白质外，还要注意维生素和矿物质的供给。维生素A在冬春季节的4～5个月期间常出现缺乏，它直接影响到母牛的正常分娩、胎衣的排出、泌乳以及产后发情和初生牛犊的健康与成活率。因此，饲养上应增加精料量，多供给蛋白质含量高的饲料。

分娩前，母牛饲养应采取以优质干草为主、逐渐增加精料的方法，对体弱的临产牛可适当增加喂量，对过肥的临产母牛可适当减少喂量。分娩前两周，通常给混合精料2～3 kg。临产前7 d，可酌情多喂些精料，其喂量应逐渐增加，但最大喂量不宜超过母牛体重的1%。这有助于秦川母牛适应产后泌乳和采食的变化。分娩前2～8 d，精料中要适当增加麸皮含量，以防止母牛发生便秘。

怀孕牛粗料以秸秆为主，需要搭配1/3～1/2豆科牧草，补饲配合饲料1 kg左右（参考配方为玉米270 g、大麦250 g、饼类200 g、麸皮250 g、石粉10～20 g、食盐10 g、维生素A 1 200～1 600 IU），怀孕牛禁喂棉籽饼、菜籽饼、酒糟等。后期做好保胎工作。

2. 哺乳母牛饲养　哺乳母牛饲养的主要任务是多产奶，以满足犊牛生长发育所需要营养。母牛在哺乳期所消耗营养比妊娠后期还多。犊牛生后2个月内每天需母乳5～7 kg，此时若不给哺乳母牛增加营养，则会使泌乳量下降，这不仅直接影响犊牛的生长，而且会损害母牛健康。

母牛分娩前 30 d 和产后 70 d，这是非常关键的 100 d，此时期饲养的好坏对母牛的分娩、泌乳、产后发情、配种受胎、犊牛的初生重和断奶重、犊牛的健康和正常生长发育都十分重要。母牛分娩 3 周后，泌乳量迅速上升，母牛身体已恢复正常，日产奶量可达 7～10 kg。能量饲料的需要比妊娠时高出 50%左右，蛋白质、钙、磷的需要量加倍。此时，应增加精料饲喂量，每日干物质进食量以 9～11 kg，日粮中粗蛋白质含量在 10%～11%为宜，并要供给优质粗饲料。饲料要多样化，一般精、粗饲料各由 3～4 种组成，并大量饲喂青绿、多汁饲料，以保证泌乳需要和母牛发情。

产前 20 d 及产后 20 d 内，日粮中热能需增加 50%，分娩后最初几天内，精料最好为小麦麸，每日 0.5～1 kg，逐渐增加，在恶露排尽、乳房水肿完全消退之后，精料恢复正常喂量。产前半个月进入产房，专人管护。正常分娩不需人工助产，对初产或胎位异常母牛要及时助产。分娩后立即饮用温麸皮汤，配方为麸皮 0.5 kg、食盐 50 g、红糖 250 g、温水 10 kg。产后母牛身体虚弱，易发生胎衣不下、食滞、乳腺炎、褥热症等，应加强管理，及时治疗。

3. 青年母牛饲养　在不同的年龄阶段，其生长发育特点和消化能力都有所不同。

(1) 13 月龄至初次妊娠　此阶段青年母牛消化器官容积增大，已接近成熟，消化能力增强，生殖器官和卵巢的内分泌功能更趋健全，若正常发育，在 16～18 月龄时体重可达成年母牛的 70%～75%。

此阶段饲喂优质青粗饲料基本上就能满足营养的需要。因此，日粮应以青粗料为主，这样不仅能满足营养需要，而且还能促进消化器官的进一步生长发育。一般优质青贮料的日喂量为每 100 kg 体重喂 5 kg。

(2) 初次妊娠到第一次分娩　此阶段生长缓慢，体躯显著地向宽深发展，在丰富的饲养条件下容易在体内沉积过多的脂肪，导致牛体过肥，造成不孕或难产。

此阶段的前期日粮仍以优质青贮料为主，但要多样化、全价性，从而保证胎儿的正常发育。到妊娠最后 2～3 个月，由于体内胎儿生长迅速，一方面营养需要增多；另一方面，也要求日粮体积要小，以免压迫胎儿。因此，要提高营养浓度，即减少粗料、增加精料，可每日补充 2～3 kg 精料。精料与粗料比

以（25%～30%）∶（70%～75%）为宜。

三、母牛管理

1. 妊娠母牛管理　妊娠母牛应保持中上等膘情。一般秦川牛母牛在妊娠期间，至少要增重45～70 kg，才足以保证产犊后的正常泌乳与发情。妊娠母牛最好禁喂棉粕、菜粕、酒糟等饲料和冰冻、发霉的饲料。此外，妊娠母牛舍应保持清洁、干燥、通风良好、阳光充足、冬暖夏凉。在妊娠母牛管理上要特别做好保胎工作，严防受惊吓、滑跌、挤撞、鞭打等，防止流产。另外，每天保持适当的运动，夏季可在良好的草地上自由放牧，但必须与其他牛群分开，以免出现挤撞而流产。雨天不要进行放牧和驱赶运动，防止滑倒。冬季可在舍外运动场自由运动2～4 h，临产前停止运动。

产房要经过严格的消毒，而且要求宽敞、清洁、保暖性能好、环境安静。产前要在产房的地面上铺些干燥、经过日光照射的柔软垫草。为了减少环境改变对母牛的应激，一般在预产期前10 d左右就将母牛转入产房。要饲喂青干草或少量的精饲料等容易消化的饲料；要给母牛饮用清洁的水，冬季最好是喂给温水。为减少病菌感染，产房必须事先用2%氢氧化钠（火碱）水喷洒消毒，然后铺上清洁干燥的垫草。分娩前母牛后躯和外阴部用2%～3%煤酚皂溶液洗刷，然后用毛巾擦干。发现母牛有临产症状，即表现腹痛、不安、频频起卧，则用0.1%高锰酸钾液擦洗生殖道外部，做好接产准备。

2. 哺乳母牛管理　母牛产后到生殖器官等逐渐恢复正常状态的时期为产后期。这一时期应对母牛加强护理，促使其尽快恢复到正常状态，并防止产后疾病。在正常情况下，母牛子宫在产后9～12 d就可以恢复，但要完全恢复到未妊娠时状态，需要26～47 d。

母牛产后立即驱赶让其站立，舔初生犊牛，并把备好的麦麸、食盐、温水让母牛充分饮用，以补充体内水分，帮助维持体内酸碱平衡、暖腹、充饥，增加腹压，以避免产犊后腹内压突然下降，使血液集中到内脏，造成“临时性贫血”而休克。产后1～2 d的母牛在继续饮用温水的同时，喂给质量好、易消化的饲料，但投料不宜过多，尤其不应突然增加精料量，以免引起消化道疾病。一般5～6 d后可以逐渐恢复正常饲养。另外，要加强外阴部的清洁和消毒。产后期母体生理过程有很大变化，机体抵抗力降低，产道黏膜损伤，可能成为疾病侵入的门户。因此，对刚产完犊的母牛，可在外阴及周围用温水、肥皂水或1%～2%来苏儿或0.1%的高锰酸钾水冲洗干净并擦干。母牛产后排出恶露的持续时间一般为10～14 d，要注意及时更换和清除被污染的垫草。要防止贼风吹入，以免发生感冒，影响母牛的健康。胎衣排出后，可让母牛适当运动。要经常打扫、加强牛舍的卫生，保持乳房的清洁卫生，避免有害微生物污染母牛的乳房和乳汁，引起犊牛疾病。对放牧的哺乳母牛要特别注意食盐的补给，由于牧草含钾多钠少，可适当补给食盐，维持体内的钠钾平衡。

3. 青年母牛管理

（1）分群　性成熟之前分群，最好不要超过7月龄，以免早配，影响生长发育。并按年龄、体重大小分群，月龄差异最好不要超过1.5～2.0个月，体重不要超过25～30 kg。

（2）制订生长计划　根据不同年龄的生长发育特点，以及饲草、饲料的贮备状况，确定不同日龄的日增重幅度。

（3）转群　根据年龄、发育情况，按时转群。一般在12月龄、18月龄、初配定胎后进行3次转群。同时进行称重和体尺测量。

（4）加强运动　在舍饲条件下，每天至少要运动2 h左右。这对保持青年母牛的健康和提高繁殖性能有重要意义。

（5）刷拭　为了保持牛体清洁，促进皮肤代谢和养成温驯的气质，每天刷拭1～2次，每次约5 min。

（6）按摩乳房　从开始配种起，每天上槽后用热毛巾按摩乳房1～2 min，以促进乳房生长发育。按摩进行到该牛乳房开始出现妊娠性生理水肿为止。

（7）初配　在18月龄左右根据生长发育情况决定是否参加配种。初配前1个月应注意观察青年母牛的发情日期，以便在以后的1～2个发情期内进行配种。

（8）防寒、防暑　炎热地区夏天做好防暑工作，冬季气温低于－13℃的地区做好防寒工作。受到热应激后牛的繁殖力大幅下降，持续高温时胎儿的生长受到抑制，配种后32℃温度持续72 h则牛无法妊娠。

第三节　犊牛营养需要与饲养管理

一、犊牛营养需要

犊牛营养需要包括维持和生长两个方面，而在相同时间内要使瘤胃发育，促使犊牛逐渐从谷物而不是从牛奶中得到大部分的营养供给。犊牛每千克料干物质中应含有泌乳净能 7.704～8.792 MJ，粗蛋白质 20%～26%，钙 0.6%，磷 0.4%，镁 0.1%，钾 0.65%，钠 0.1%，氯 0.2%，硫 0.2%，铁 50 mg/kg，钴 0.1 mg/kg，铜 10 mg/kg，锰 40 mg/kg，碘 0.25 mg/kg，锌 40 mg/kg，硒 0.3 mg/kg，维生素 A 4 400 IU，维生素 D 3 800 IU，维生素 E 60 IU，维生素 K_3 1 mg，烟酸 0.2 mg，泛酸 13 mg，核黄素 6.5 mg，维生素 B_6 6.5 mg，叶酸 0.5 mg，生物素 0.1 mg，维生素 B_{12} 0.07 mg，胆碱 0.26%（犊牛 60 日龄后可不加 B 族维生素）。

代乳粉通常含 18%～22%的蛋白质，全部为乳蛋白的代乳粉是最好的。乳蛋白质包括干乳清蛋白浓缩物，干乳清、干乳清产品、酪蛋白和酪蛋白钠盐或钙盐。

代乳粉的脂肪含量为 20%。代乳粉中维生素和矿物质数量应该相似或多于全乳。维生素 E 有利于促进抗体的形成而提高秦川牛犊牛的免疫力。维生素 E 可以减少秦川牛犊牛下痢。代乳粉中不如乳蛋白的其他蛋白质来源是大豆分离蛋白、改良大豆粉蛋白、大豆浓缩蛋白、大豆粉和改良小麦蛋白。通常植物性蛋白较便宜，较少消化性，而且不能提供如同乳蛋白一样的氨基酸总和。因此，犊牛不能容易地将植物蛋白转换为肌肉和骨架。含有植物性蛋白的代乳粉常具有 2%以上的粗纤维。

代乳料中的能量与蛋白比率应高于自然的牛奶，只有这样才能有利于蛋白质的吸收；如果代乳料的蛋白质来源是奶或奶制品，那么要求蛋白质含量要在 20%以上，如果含有植物性的蛋白质来源，就要求蛋白质含量要高于 22%。这是因为一方面植物蛋白质氨基酸平衡不如奶源蛋白质，另一方面，犊牛由于消化系统发育不完全，不能产生足够的蛋白质消化酶来消化这些植物蛋白质。犊牛开食料通常含有 16%～24%的蛋白质。高质量的犊牛开食料应至少含有 20%的粗蛋白质和 70%的风干物质。

在自由采食的条件下，3～6 月龄犊牛饲料干物质采食量随月龄增加而呈直线上升，平均每月增加 1.35 kg/头；3～6 月龄秦川牛犊牛对饲料中营养物质的表观消化率具有显著变化，其中 4、5 月龄犊牛对饲料营养物质的消化率较 3 月龄略低，6 月龄犊牛对饲料营养物质的消化率较 3、4、5 月龄犊牛都高。

二、犊牛饲养

（一）犊牛出生1周内的饲养

（1）犊牛出生后迅速清除口鼻黏液，正常呼吸后对脐带用5%～7%碘酒消毒，绝对不能用乳头药浴液，并与母牛分开饲养。

（2）保持身体干燥（尤其冬天）可用柔软干草顺其两肋擦拭。

（3）确保犊牛在出生30min至1h内哺喂初乳（越早越好）。

（4）早喂初乳。初乳是母牛产犊后0～7d内所分泌的乳。初乳色深黄而黏稠，干物质总量较常乳高1倍，在总干物质中除乳糖较少外，其他含量都较常乳多，尤其是蛋白质、灰分和维生素A的含量。在蛋白质中含有大量免疫球蛋白，它对增强犊牛的抗病力起关键作用。初乳中含有较多的镁盐，有助于犊牛排出胎便，此外初乳中各种维生素含量较高，对犊牛的健康与发育有着重要的作用。

犊牛出生后应尽快让其吃到初乳。一般犊牛生后0.5～1.0h，便能自行站立，此时要引导犊牛接近母牛乳房寻食母乳，若有困难，则需人工辅助哺乳。若母牛健康，乳房无病，农家养牛可令犊牛直接吮吸母乳，随母自然哺乳。

（二）犊牛从第6天到断奶的饲养

（1）从第6天开始除每天哺乳外，还要提供高品质、适口性好的开食料和清洁饮水，由饲养员引导犊牛采食。

（2）开食方法　每次犊牛饮完奶后，用定量器具将开食料放入饮奶桶内任其自由采食，采食过程中草和料不能使用同一个槽具。

（3）料槽中开食料要随时添加，少量多次，勤添少给。

（4）料槽中勿以湿料饲喂，发现湿料及时清理，发现开食料以外的其他杂物亦应及时清理。

（5）保持犊牛圈干燥、干净、无贼风，地上铺干净垫草。犊牛圈每次使用后应彻底消毒。犊牛饮水槽和补饲槽应保持清洁卫生。

（6）犊牛出生后应及时编号、去角。犊牛去角可以在20日龄内电烙去角，也可以在1～2周龄用苛性碱去角。

（7）犊牛出生后5～7d即放入运动场内自由活动20min，到1月龄时，每

天可运动 2 次，每次 1.5 h。

（8）每天刷拭犊牛体 2 次。

（9）按照牛体格、体重、性别、月龄、采食速度相似者分为一群。

（10）每次添加饲料时要随手记录，并填写在饲养记录表上，交办公室并录入电脑。

（11）断奶标准　开食料喂到 1 000～1 500 g/(d·头)，连食 3～5 d，即可断奶。

（12）犊牛出生后，应立即称量初生体重，以后每月称重一次。

（13）饲喂常乳　可以采用随母哺乳、保姆牛法和人工哺乳法给哺乳犊牛饲喂常乳。

①随母哺乳法：让犊牛和其生母在一起，从哺喂初乳至断奶一直自然哺乳。为了给犊牛早期补饲，促进犊牛发育和诱发母牛发情，可在母牛栏的旁边设一犊牛补饲间，短期使大母牛与犊牛隔开。

②保姆牛法：选择健康无病、气质安静、乳及乳头健康、同期分娩的秦川牛母牛做保姆牛，再按每头犊牛日食 4～4.5 kg 乳量的标准选择数头年龄和气质相近的犊牛固定哺乳，将犊牛和保姆牛管理在隔有犊牛栏的同一牛舍内，每日定时哺乳 3 次。犊牛栏内要设置饲槽及饮水器，以利于补饲。

③人工哺乳法：对找不到合适的保姆牛或奶牛场淘汰犊牛的哺乳多用此法。犊牛的哺乳量可参考表 7－7。哺乳时，可先将装有牛乳的奶壶放在热水中进行加热消毒（不能直接放在锅内煮沸，以防过热后影响蛋白的凝固和酶的活性），待冷却至 38～40℃时哺喂，5 周龄内日喂 3 次；6 周龄以后日喂 2 次。喂后立即用消毒的毛巾擦嘴，缺少奶壶时，也可用小奶桶哺喂。

表 7－7　不同周龄犊牛的哺乳量

单位：kg

类别	日喂量						
	1～2 周龄	3～4 周龄	5～6 周龄	7～9 周龄	10～13 周龄	14 周龄以后	全期用奶
小型牛	4.5～6.5	5.7～8.1	6.0	4.8	3.5	2.1	540
大型牛	3.7～5.1	4.2～6.0	4.4	3.6	2.6	1.5	400

（14）早期补饲植物性饲料　采用随母哺乳时，应根据草场质量对犊牛进

行适当的补饲，既有利于满足犊牛的营养需要，又利于犊牛的早期断奶。

人工哺乳时，要根据饲养标准配合日粮，早期让犊牛采食以下植物性饲料。

干草：犊牛从7～10日龄开始，训练其采食干草。在犊牛栏的草架上放置优质干草，供其采食咀嚼，可防止其舔食异物，促进犊牛发育。

精饲料：犊牛生后15～20 d，开始训练其采食精饲料。其精饲料配方可参考表7-8。初喂精饲料时，可在犊牛喂完奶后，将犊牛料涂在犊牛嘴唇上诱其舔食，经2～3 d后，可在犊牛栏内放置饲料盘，放置犊牛料任其自由舔食。因初期采食量较少，料不应放多，每天必须更换，以保持饲料及料盘的新鲜和清洁。最初每头日喂干粉料10～20 g，数日后可增至80～100 g，等适应一段时间后再喂以混合湿料，即将干粉料用温水拌湿，经糖化后给予。湿料给量可随日龄的增加而逐渐加大。

表7-8 犊牛的精料配方

单位：%

饲料名称	配方1	配方2	配方3	配方4
干草粉颗粒	20	20	20	20
玉米粗粉	37	22	55	52
糠粉	20	40	—	—
糖蜜	10	10	10	10
豆粕	10	5	12	15
磷酸二氢钙	2	2	2	2
其他微量盐类	1	1	1	1
合计	100	100	100	100

多汁饲料：从生后20 d开始，在混合精料中加入20～25 g切碎的胡萝卜，以后逐渐增加。无胡萝卜，也可饲喂甜菜和南瓜等，但喂量应适当减少。

青贮饲料：从2月龄开始喂给。最初每天100～150 g；3月龄可喂到1.5～2.0 kg；4～6月龄增至4～5 kg。

（15）饮水　牛奶中的含水量不能满足犊牛正常代谢的需要，训练犊牛尽早饮水。最初需饮36～37℃的温开水；10～15日龄后可改饮常温水，任其自由饮用。

三、犊牛管理

1. 注意保温、防寒　北方地区冬季天气严寒风大，要注意犊牛舍的保暖，防止贼风侵入。在犊牛栏内要铺柔软、干净的垫草，保持舍温在0℃以上。

2. 去角　常用的去角方法有电烙法和固体苛性钠法两种。电烙法是将电烙器加热到一定温度后，牢牢地压在角基部直到其下部组织烧灼成白色为止，再涂以青霉素软膏或硼酸粉。后一种方法应在晴天且哺乳后进行，先剪去角基部的毛，再用凡士林涂一圈，以防药液流出，伤及头部或眼部，然后用棒状苛性钠稍湿水涂擦角基部，至表皮有微量血渗出为止。在伤口未变干前不宜让犊牛吃奶，以免腐蚀母牛乳房的皮肤。

3. 母仔分栏　犊牛栏分单栏和群栏两类，犊牛出生后即在靠近产房的单栏中饲养，每犊一栏，隔离管理，一般1月龄后才过渡到群栏。同一群栏犊牛的月龄应一致或相近，因不同月龄的犊牛除在饲料条件的要求上不同以外，对于环境温度的要求也不相同，若混养在一起，对饲养管理和健康都不利。

4. 刷拭　在犊牛期，由于基本上采用舍饲方式，因此皮肤易被粪及尘土所黏附而形成皮垢，这样不仅降低皮毛的保温与散热力，使皮肤血液循环恶化，而且也易患病。为此，对犊牛每日必须刷拭一次。

5. 运动与放牧　犊牛从8～10日龄起，即可开始在犊牛舍外的运动场做短时间的运动，以后可逐渐延长运动时间。如果犊牛出生在温暖的季节，开始运动的日龄还可适当提前，但需根据气温的变化，掌握每日运动时间。

在有条件的地方，可以从生后第2个月开始放牧，但在40日龄以前，犊牛对青草的采食量极少，在此时期与其说放牧，不如说是运动。运动对促进犊牛的采食量和健康发育都很重要。在管理上应安排适当的运动场或放牧场，场内要常备清洁的饮水，在夏季有遮阴条件。

6. 及时断奶　为使犊牛早期断奶，犊牛生后10 d左右应用代乳品代替常乳哺喂。它是一种粉末状或颗粒状的商品饲料，饲喂时必须稀释成为液体，且具有良好的悬浮性和适口性，浓度12%～16%，即按1∶(6～8)加水，饲喂温度为38℃。秦川牛犊牛断奶一般在6月龄，可根据饲料补饲效果，结合犊牛生长发育情况，尽量提前断奶。犊牛哺乳期一般为3个月。喂7 d初乳，第8天喂代乳料，一个月后喂混合精料及优质干草。喂料量为体重的1%。代乳料配比是：豆饼27%、玉米面50%、麦麸子10%、豆粕10%、维生素和矿物质添加剂 3%。

7. 防好“两病” 秦川牛生产中，对犊牛危害最大的两种病是脐带炎和白痢病，因此，要高度重视这两种病的防治工作。

第四节 育肥牛营养需要与饲养管理

一、育肥牛营养需要

能量需要：根据国内所做绝食呼吸测热试验和饲养试验的平均结果，生长育肥牛在全舍饲条件下每千克代谢体重维持净能需要为 322 kJ。当气温低于 12℃时，每降低 1℃，维持能量需要增加 1%。肉牛的能量沉积就是增重净能。增重的能量沉积用下列公式计算：RE(kJ)＝(2 092＋25.1 W)×增重/(1－0.3×增重)。

根据国内的饲养试验和消化代谢试验结果，每千克代谢体重维持需要的粗蛋白质为5.5 g。根据国内的生长阉牛氮平衡试验结果，增重的粗蛋白质沉积与英国 ARC（1980）公布的蛋白质需要，计算的结果相似，生长阉牛增重的粗蛋白质平均利用效率为 0.34，所以，生长育肥牛的粗蛋白质需要为：

$CP(g)=5.5\,g\,W^{0.75}+$增重$(168.07-0.168\,69\,W+0.000\,163\,3\,W^{2})\times(1.12-0.123\,3\times$增重$)/0.34$

能量、粗蛋白质及钙、磷需要见表 7－9，维生素需要见表 7－10，水分需要见表 7－11。

表 7－9 育肥牛能量、粗蛋白质及钙、磷需要

体重（kg）	日增重（kg）	综合净能（MJ）	粗蛋白质（g）	钙（g）	磷（g）
150	0	11.76	236	5	5
	0.3	15.10	377	14	8
	0.4	15.90	421	17	9
	0.5	16.74	465	19	10
	0.6	17.66	507	22	11
	0.7	18.53	548	25	12
	0.8	19.75	589	28	13
	0.9	21.05	627	33	14
	1.0	22.64	665	34	15
	1.1	24.35	704	37	16
	1.2	26.28	739	40	16

（续）

体重（kg）	日增重（kg）	综合净能（MJ）	粗蛋白质（g）	钙（g）	磷（g）
200	0	14.56	293	7	7
	0.3	18.70	428	15	9
	0.4	19.62	472	17	10
	0.5	20.67	514	20	11
	0.6	21.76	555	23	12
	0.7	22.89	593	26	13
	0.8	24.31	631	29	14
	0.9	25.90	669	31	15
	1.0	27.82	708	34	16
	1.1	29.96	743	37	17
	1.2	32.30	778	40	17
250	0	17.78	346	8	8
	0.3	22.72	475	16	11
	0.4	23.85	517	18	12
	0.5	25.10	558	21	12
	0.6	26.44	599	23	13
	0.7	27.82	637	26	14
	0.8	29.50	672	29	15
	0.9	31.38	711	31	16
	1.0	33.72	746	34	17
	1.1	36.28	781	36	18
	1.2	39.08	814	39	18
300	0	21.00	397	10	10
	0.3	26.78	523	17	12
	0.4	28.12	565	19	13
	0.5	29.58	603	21	14
	0.6	32.13	641	24	15
	0.7	32.76	679	26	15
	0.8	34.77	715	29	16
	0.9	36.99	750	31	17
	1.0	39.71	785	34	18
	1.1	42.68	818	36	19
	1.2	45.98	850	38	19

（续）

体重（kg）	日增重（kg）	综合净能（MJ）	粗蛋白质（g）	钙（g）	磷（g）
350	0	23.85	445	12	12
	0.3	30.38	569	18	14
	0.4	31.92	607	20	14
	0.5	33.60	645	22	15
	0.6	35.40	683	24	16
	0.7	37.24	719	27	17
	0.8	39.50	757	29	17
	0.9	42.05	789	31	18
	1.0	45.15	824	33	19
	1.1	48.53	857	36	20
	1.2	52.26	889	38	20
450	0	29.33	538	15	15
	0.3	37.41	659	20	17
	0.4	39.33	697	21	17
	0.5	41.38	732	23	18
	0.6	43.60	770	25	19
	0.7	45.94	806	27	19
	0.8	48.74	841	29	20
	0.9	51.92	873	31	20
	1.0	55.77	906	33	21
	1.1	59.96	938	35	22
	1.2	64.60	967	37	22
500	0	31.92	582	16	16
	0.3	40.71	700	21	18
	0.4	42.84	738	22	19
	0.6	47.53	811	26	20
	0.7	50.08	847	27	20

表 7-10　育肥牛维生素需要

单位：IU

种类	生长肥育阉牛/青年母牛	生长公牛
维生素 A	2 200	3 000
维生素 D	275	275
维生素 E	15～60	15～60

注：4 000 IU 维生素 A=1 mg β胡萝卜素。

表 7-11　不是温度下育肥牛水分需要

体重（kg）	水分（kg）					
	4.4℃	10.0℃	14.4℃	21.1℃	26.6℃	32.2℃
182	15.1	16.3	18.9	22.0	25.4	36.0
273	22.7	24.6	28.0	32.9	37.9	54.1
364	27.6	29.9	34.4	40.5	46.6	65.9
454	32.9	35.6	40.9	47.7	54.9	78.0

二、育肥牛饲养

1. 架子牛饲养　架子牛是指在育成牛阶段，按较粗放的饲养条件饲养18个月以上，以及体重在300 kg以上的成年牛。架子牛的快速育肥时间一般为3～4个月。在这一段时间内，饲养水平应有所调整，由低到高，以适应秦川牛的营养需要。秦川牛自由采食青粗饲料，如青草、青贮全株玉米、氨化秸秆等，而且在第一个月每头牛供给2 kg由玉米、豆粕和麦麸组成的精料，第二个月供给2.5 kg，第三个月供给3 kg。这种饲喂方式，每头牛每天可增重1 kg左右。整个育肥期可增重90～120 kg。年龄越大，肉质越差，而且饲料的利用率也就越低。一般情况下，秦川牛应在2岁出栏，最好不要超过2.5岁。

架子牛饲养的好坏直接影响其正常的生长发育、体型结构和种用价值以及整个牛群的质量。但在秦川牛实际生产中，由于架子牛不产生直接的经济效益，而且身体健康，因而往往对架子牛的饲养重视程度不够。架子牛的培育虽然比犊牛的培育粗放一些，但绝不能粗心大意，应引起足够的重视。在青年期进行精心饲养，不仅可以获得较快的增重速度，而且可使青年牛得到良好的生长发育。

架子牛生长所需的营养物质较多，特别需要以精料的形式提供能量，以促进其迅速地生长。架子牛的日粮搭配要全价，喂给的精、粗饲料品质要优良，保证蛋白质、矿物质及脂溶性维生素，特别是维生素A的供应。因此对架子牛除给予充足的精料外，还应喂给优质的青粗饲料，并控制喂给量，防止形成草腹或垂腹，最好选用优质青干草饲喂。青贮饲料不宜多喂，周岁内青贮饲料的日喂量是其月龄数乘以 0.5 kg，周岁以上的日喂量上限为 8 kg。架子牛日粮中精、粗饲料的比例要根据粗饲料的种类和质量来确定。以青草为主时，精、粗料的比例为 55∶45；以干草为主时，精、粗料的比例为 60∶40。在饲喂豆科或禾本科优质粗饲料的情况下，对于周岁秦川牛公牛而言，日粮中粗蛋白质的含量应以不低于 12%为宜，干物质摄入量应为其体重的2%～3%。

2. 育肥牛饲养　育肥期秦川牛饲料配方要适时调整，满足秦川牛不同时期增重的营养需求。饲喂量的调整不仅要根据不同时期、不同体重投给，也要结合牛只情况，如牛槽中饲料的残留、采食时间和粪便情况，如果牛槽中出现饲料残留就应减少粗饲料的给量；采食时间严格控制在 50～60 min，使牛养成良好的采食习惯；正常粪便应落地成型，有一定光泽，若出现稀便、见到玉米糁样物，有可能精料过大，可以适当减少；若粪便干硬，可以认为精料给量不足，可以调整或添加适量豆粕。育肥前期，粗料要少给勤添，精料由少到多，逐渐达到日粮标准，不可过饱，防止胃肠病发生。

精饲料备足 1 个月以上，粗饲料备足 2 个月以上，如果饲喂酒糟，应备足 7 d 以上饲喂量，防止所贮备饲料发霉变质，严格按照批进批出的制度入栏，有足够的隔离牛舍隔离新入栏牛只。由兽医马上进行口蹄疫接种；隔离观察 15 d。对所有牛只进行登记后，进行 2 次免疫，提高疫苗保护率。隔离观察无异常情况的牛只可以转到育肥舍开始育肥，并且一次性注射驱虫药物，驱除体内外寄生虫。按照每千克体重 0.1～0.2 mL 肌内注射 10%氟本尼考注射液，每隔 48 h 一次，连用两次，预防呼吸道疾病的发生。

三、育肥牛管理

1. 架子牛管理　架子牛到牛场后，不要与正在育肥的其他牛混养，要单独饲养。要根据新来牛的特点采取不同的措施。首先要对牛驱虫；其次，由于饲养环境和饲料的改变，牛的适应过程一般需要 1～2 周，有的牛采食量较少，所以饲喂时要由少到多，逐渐增加；牛适应后，应根据架子牛的年龄、体重分组、给牛编号，分别称重记录。

（1）分群　按照年龄、体重、体格大小对架子牛进行分群。

（2）穿鼻带环　为了便于管理，育成牛年龄达到 10～12 月龄时应进行穿鼻带环。穿鼻时将牛保定之后，用碘酒消毒穿鼻部位和穿鼻钳，然后从鼻中隔

正直穿过，之后塞进皮带或木棍，以免伤口长闭。伤口愈合后先戴小鼻环，以后随着年龄的增加，可更换较大的鼻环。

（3）刷拭　育成牛上槽后每天进行1～2次刷拭牛体，保证牛体的清洁和健康。同时也利于做到人和牛的亲和，防止发生恶癖。

（4）防疫注射　定期对育成牛进行防疫注射，防止传染病的发生。

（5）防暑和防寒　炎热的南方地区要注意夏季防暑工作，寒冷的北方地区要注意冬季防寒工作。

2. 育肥牛管理

（1）饮水　育肥牛必须饮用清洁饮水，在采食1h后饮水，每天2～3次，夏季炎热可以考虑全天供水。

（2）刷拭　牛体每天刷拭1次，每次时间1～2min。可清洁体表卫生，防止体外寄生虫滋生，增加牛体血液循环，提高生长速度，并增加牛与人的亲和力，对提高增重率有促进作用。

（3）掌握好牛舍内温度和通风　育肥牛夏季饲养最佳温度范围是15～22℃。一般认为高温对育肥牛增重造成的影响要大于冬季低温，因为到达一定温度后育肥牛食欲废绝。冬季外界气温低，可以用薄膜封闭窗户，使牛舍内温度保证在0℃以上。

（4）认真观察牛只情况，异常牛只及时发现、处理。

（5）保持舍内卫生，散落的饲料、粪便随时清理，尽量不用水冲牛床。

（6）做好防疫、消毒工作，禁止外来人员进入牛舍，牛场门口和舍门口设立消毒池，牛舍、用具定期消毒。

（7）平时经常观察牛舍内情况，防止牛被缰绳绊倒窒息或发生其他的意外情况，夜间也需注意。

（辛亚平、曹阳春、原积友）

第八章 保健与疫病防控

现代牧场的动物保健与疫病防控是十分重要的内容之一。对秦川牛养殖场而言，牛场保健是指在日常的饲养管理工作中，尽可能提供牛只健康生长的最佳生活环境，采取常态化消毒措施尽可能避免各种疫病的侵袭，特别是要避免大的传染病的侵害，最大限度地提高肉牛的生产性能，最大限度地降低药费开支，提高养殖效益。而疫病防控主要包括采取免疫接种、传染病的防控、常见普通病的控制、疾病防控应急预案等一系列综合性措施，防止肉牛疫病的滋生和蔓延。

但牛场的保健和疫病防控工作却紧密相连，相互影响，密不可分。保健是牛群健康的基础，疫病防控是牛健康的保障。其目的都是保证牛健康成长，产出优质的牛肉产品。牛的保健与疫病防控是相关联的系统工程，涉及牧场日常工作的方方面面。其理念应在牧场设计和建立时就应该明确贯彻，即一切都围绕牛的健康这一核心内容而展开。

第一节 营造良好的生活环境

一、干燥、清洁、通风、安静的环境

环境保健是要为牛创造一个冬暖夏凉、干净舒适、空气新鲜、温湿度合适、光照充足、远离噪声、安静的生活环境。传统的简陋畜舍已无法满足现代牧业的需求，而设计科学、布局合理、建造规范、设备先进的花园式牛场是现代牧业的重要标志。

1. 环境要求　根据地方差别及气候因素，对牛舍的温度、湿度、气流、

光照及环境条件都有一定的要求，只有满足牛对环境条件的要求，才能获得好的饲养效果。

（1）牛舍温度要求　气温对牛体的影响很大，影响牛体健康及其生产力的发挥。研究表明，牛的适宜环境温度为5～21℃，牛舍温度控制在这个温度范围内，牛的增重速度最快，高于或低于此范围，均会对牛的生产性能产生不良影响。温度过高，则牛的瘤胃微生物发酵能力下降，影响牛对饲料的消化；温度过低，一方面降低饲料消化率，另一方面牛因要提高代谢率，以增加产热量来维持体温，而显著增加了饲料的损耗。疫牛、犊牛、病弱牛受低温影响产生的负面效应更为严重，因此夏季做好防暑降温工作，冬季要注意防寒保暖。不同牛因个体差异对环境温度要求不同，针对不同情况，适时做出调整。各种牛对温度的要求见表8-1。

表8-1　牛对温度的要求

单位：℃

牛群类别	最适温度	最低温度	最高温度	夏季	冬季
育肥牛	12～15	4	27	20	5～20
哺乳犊牛	10～20	6	27	20	20～25
一般牛	15	10	25	20	25

（2）牛舍湿度要求　由于牛舍四周墙壁的阻挡，空气流通不畅，牛体排出的水汽堆积、在牛舍内的潮湿物体表面的蒸发和阴雨天气的影响，使得牛舍内空气湿度大于舍外。肉牛对牛舍的环境湿度要求为55%～75%。湿度对牛体机能的影响，是通过水分蒸发影响牛体散热，干涉肉牛体热调节。高温高湿会导致牛的体表水分蒸发受阻，体热散发受阻，体温上升加快，机体机能失调，呼吸困难，最后致死，是最不利于牛生产的环境。低温高湿会增加牛体热散发，使体温下降，生长发育受阻，饲料报酬降低，增加生产成本。此外，空气湿度过高，也会促进有害微生物的滋生，为各种寄生虫的繁殖发育提供了良好条件，引起一些疾病产生，特别是一些皮肤病和肢蹄病发病率升高，对牛健康不利。

（3）牛舍气流要求　空气流动可使牛舍内的冷热空气对流，带走牛体所产生的热量，调节牛体温度。适当空气流动可以保持牛舍空气清新，维持牛体正常的体温。牛舍气流的控制及调节，除受牛舍朝向与主风向进行自然调节以外，还可人为进行控制。例如，夏季通过安装电风扇等设备改变气流速度，冬季寒风袭击时，可适当关闭门窗，牛舍四周用篷布遮挡，使牛舍空气温度保持相对稳定，减少牛只呼吸道、消化道疾病。一般舍内气流速度以0.2～0.3 m/s为宜，气温超过30℃的酷热天气，气流速度可提高到0.9～1 m/s，以加快降温速度。

（4）光照要求　增加光照时间对牛体生长发育和健康保持有十分重要的意义。阳光中的紫外线具有强大的生物效应，照射紫外线可使皮肤中的7-脱氢胆固醇转变为维生素D，有利于日粮中钙、磷的吸收和骨骼的正常生长和代谢；紫外线具有强烈的杀灭细菌等有害微生物的作用，牛舍进行阳光照射，可达到消毒之目的。冬季，光照可增加牛舍温度，有利于牛的防寒取暖。阳光照射的强度与每天照射的时间变化，还可引起牛脑神经中枢相应的兴奋，对肉牛繁殖性能和生产性能有一定的作用。采用16 h光照、8 h黑暗，可使育肥肉牛采食量增加，日增重得到明显改善。一般情况下，牛舍的采光系数为1∶16，犊牛舍为1∶(10～14)。简略地说，为了保持采光效果，窗户面积应接近于墙壁面积的1/4，以大些为佳。

（5）空气尘埃要求　新鲜的空气是促进肉牛新陈代谢的必需条件，并可减少疾病的传播。空气中浮游的灰尘是病原微生物附着和生存的好地方。为防止疾病的传播，牛舍一定要避免灰尘飞扬，保持圈舍通风换气良好，尽量减少空气中的灰尘。

（6）噪声要求　强烈的噪声可使牛产生惊吓，烦躁不安，出现应激等不良现象。从而导致牛休息不好，食欲下降，抑制牛的增重，降低生长速度，因此牛舍应远离噪声源，牛场内保持安静。一般要求牛舍内的噪声水平白天不能超过90 dB，夜间不超过50 dB。

（7）有害气体限量浓度要求　在敞棚、开放式或半开放式牛舍内，空气流动性大，所以牛舍中的空气成分与外界大气相差不大。而封闭式牛舍，由于空气流动不流畅，如果设计不当或管理不善，牛体排出的粪尿、呼出的气体和饲槽内剩余残渣的腐败分解，造成牛舍内有害气体增多，诱发牛的呼吸道疾病，影响牛的身体健康。所以，必须重视牛舍通风换气，保持空气清新卫生。一般要求牛舍中二氧化碳的含量不超过0.25%，硫化氢气体浓度不超过0.001%，氨气浓度不超过0.002 6 mL/L。建筑牛舍，根据南北方差别及气候因素，对牛舍的温度、湿度、气流、光照及环境条件都有一定的要求，只有满足牛对环境条件的要求，才能获得好的饲养效果。

2. 通风设计　在牛场的设计中必不可少。根据不同的建筑功能和建筑结

构，通风设计有它独特的设计理念。牛舍的通风设计不当会减缓牛生长速度，降低生产性能，缩短牛的寿命。通风系统直接影响牛舍内温度、湿度、表层湿气浓缩度、恒温系数、气流速度、污浊气体浓度、浮尘浓度和病原微生物的传播水平。通风系统进行气体交换的同时也为牛群提供了氧气，并带走或稀释有害的粉尘、难闻的气体、通过空气传播的致病菌，以及降低空气湿度。

通风系统分自然通风和机械通风两类。自然通风系统是依靠自然风和牛舍内外的温差来实现通风换气。机械通风系统是通过风机来进行舍内外气体交换。两种通风方式都要求牛舍有尺寸合适的通风口才能实现内外空气的充分流通。通风系统可以人工控制，也可以采用机械控制。机械式通风系统的控制通常是用温度调节装置来完成的，而自然通风系统一般需要人工控制牛舍通风，目前主要采用两种方式通风。

（1）通风设计实现目标　让新鲜的空气能够通过设计好的通风口进入牛舍；让进入牛舍的新鲜空气能够和舍内的空气充分混合；缓解牛舍内的闷热状况，并净化牛舍空气；把牛舍内潮湿、污浊的空气带出牛舍。

（2）通风设计原则　牛正常的温度范围比较广，在天冷的时候，提供充足的新鲜空气非常重要，但要避免形成气流或湿度过高，凝结成霜或液滴。在天热的时候，提供阴凉和充足的新鲜空气尤为重要，还应该注意防止过分炎热引起热应激。

（3）通风设计的特征　强制通风系统。采用世界先进的通风设计，在牛舍南面墙底部安装设计相应数量的引风机，在牛舍北面墙底部安装设计相应尺寸的蒸发型水幕。

蒸发型水幕设计。新风通过湿帘，一是起到降低新风温度的作用；二是新风在通过湿帘的过程中带走一部分水蒸气，这样在舍内循环的过程中，水蒸气很好地吸收空气中的氮氧化合物、硫化物、病原微生物、尘埃等有害物质，并跟随气流排出。

横向加压通风循环系统。采用在墙面的下部设计安装风机，风机前安装导流板进行导流。这样设计有利于湿气、病原微生物、有害气体、尘埃、热量快速混合后，由引风机抽出到牛舍外面。导流板的设计，有利于合理控制循环风的流向，使牛舍内无死角，使有害气流快速干净地排出，给牛提供一个舒适干净的生活环境。

牛舍下部安置风机强对流循环系统设计。在牛舍下部安装风机，首先减小新风口和引风机的距离，其次向上走的热空气和横向走的新鲜空气形成气旋，使牛舍内部空气快速混合。

总之，舍内通风不畅会严重影响牛健康，增加地面结冰概率，引起很多问题。设计和管理不当会影响整个牛群的生长速度、牛健康和牛群寿命。所以在牛场设计建设以及管理的过程中应当重视牛舍的通风。

3. 牛床、饲喂栏枷及牛场地面的设计

（1）卧床　根据清粪方式的不同，卧床高度一般在20～30 cm。依据挡颈杆设置方式（固定式或活动式）的不同，卧床坡度可以在4%～8%。卧床填充物有多种选择，许多地区使用沙子，沙子对于牛体是很舒适的，其极高的渗水性和极低的有机物含量可以大大降低发病率。多数情况下，沙子来源广泛而且经济，其缺点是容易流失浪费，需要经常进行补充，卧床维护的费用较高。干旱季节里，牛粪也可以收集经无害化处理、晒干用来垫卧床。另外，还可以选择商品材料做卧床表面铺垫。对牛群日常活动的观察发现，如果有几种不同材料填充或铺垫的卧床可供牛选择，则牛的选择是有倾向性的，不同卧床的占用率可以在50%以上或20%以下。卧床占用率的提高可能受卧床覆盖材料弹性的影响，牛更倾向于占用弹性较高材料覆盖的卧床。需要符合其体型轮廓的卧床表面，沙子和弹性材料可以使牛更加舒适。

小麦秸、稻草等作为褥草永远是最好的铺垫物，卧床、产栏以及犊牛都可以使用。

（2）饲喂栏枷　自锁式颈枷作为饲喂栏枷使用是牛业当前讨论的一个主题。有研究表明，自锁颈枷锁定饲喂4 h的牛与非锁定饲喂的牛比较，生长速度和干物质进食量无明显差异。在生产实践中，多数情况下锁定1 h就应该足够了。自锁颈枷的使用更多是为了牛群管理的需要，比如牛群检疫、兽医检查治疗、牛群繁殖操作等。

散栏式饲养条件下，颈枷数量可以少于牛群饲养量10%，但面临检疫时的困难。牛舍设计要平衡卧栏数量和颈枷数量的关系。建议满足牛均70～80 cm采食位，卧栏数量可以是颈枷数量的90%～100%。TMR自由采食下，也可以考虑采用挡颈杆，牛均采食位60～70 cm。4列式牛舍正常饲养量和过载（卧床的130%）情况下，对自锁颈枷锁定饲喂和使用挡颈杆自由采食的研究表明，锁定饲喂的牛干物质进食量下降3%～5%。另外，与正常饲养量相

比，过载牛舍的生长速度也下降。为了降低牛均建设成本而使牛舍过载从长远效益来看是不合算的，也会造成管理的不便。一般过载10%对牛生产的影响不大。颈枷适当倾斜也很重要。有报道称，饲喂栏枷向饲喂通道侧倾斜20°可以使牛采食面延长14 cm，而提高采食效率。槽道上料保持连续均匀也可达到同样效果。饲喂栏枷倾斜的一个缺点是饲喂车上料过程中可能会对设备造成损坏。生产管理中，饲槽整理的频度对提高牛的食欲和采食效率非常重要。

（3）饲槽　研究表明，饲槽应该平滑以免伤害牛舌头。在粗糙的饲槽中采食时牛的舌头侧面最容易被伤害。饲槽表面可以用塑料、瓷砖等材料加以覆盖。但饲槽过度光滑容易造成饲槽中饲料堆积，需要更频繁地整理饲槽。

（4）地面状况　泥泞地面对牛干物质进食量的负面影响是明显的。对比研究显示，每2.5 cm深的泥泞能够降低牛干物质进食量2.5%。若以此计算，在30 cm深的泥泞中牛饲料进食量要比在非泥泞地面的下降30%。牛随着饲料进食量的减少，生产性能也会下降，在泥泞环境中饲养的牛也面临很大的健康风险。硬化地面主要是为适应集约化牛场管理的需要，牛自身并不喜欢硬地面。在牛经常集中活动的区域（如采食区、通道、饮水点周围、运动场等）对地面进行硬化处理可以长期有效地抵抗牛群践踏，防止地面泥泞，也便于排水和粪尿清理。在牛逍遥运动和休息区应尽可能做成软质地面（如土运动场、自由卧栏卧床等）。硬化地面必须进行防滑处理，以防止牛只滑倒造成损伤；但混凝土配方不合理、施工粗糙的地面可能对牛蹄是有害的。所有地面都应有一定坡度，无遮雨棚的土运动场坡度应更大一点，以保证土运动场不积水，也可以设置围栏在雨天保护土运动场。

总体来说，为牛提供一个清洁、气流畅通、温度适宜、较为干燥、噪声低、运行方便、安全有效的环境，是发挥牛生产潜力的前提和重要保障。

二、保健措施

传统的保健理念仅仅停留在消毒防疫和使用药物预防的层面，这是非常狭隘的。在集约化养殖的今天，牛的保健还涉及营养、管理、环境和药物保健等四个方面。

1. 营养保健　营养保健是基础，没有良好的营养打基础，无论加强哪种保健措施，只会是本末倒置。因此，必须高度重视营养的保健作用，在实际生产中主要坚持下列保健。

全面平衡的营养素是健康的基础。动物的生长发育和生产繁殖都离不开各种营养物质的满足，营养平衡、适口性好、易消化、好吸收的全价日粮是动物的基本保证。营养平衡的日粮是指蛋白能量比的平衡；各种氨基酸的平衡；各种维生素的平衡；各种常量、微量元素的平衡。某种营养素过多，也就预示着其他营养素不足。过多的营养素又不能被完全吸收，造成浪费；有些常量和微量元素之间又有颉颃作用，过多会影响其他营养素的吸收，甚至可导致动物中毒。水是最重要的营养物质，如犊牛缺水口渴难耐，随后狂饮清水后出现以红尿、腹痛为特征的水中毒。反之，营养素也不能过少，否则导致生长发育不良，生产性能下降，严重时出现代谢病：如钙、磷不足或比例失调或维生素 D 不足时动物会发生佝偻病。

全面平衡的营养素是生长生产的前提，牛的短期育肥由过去一年缩短到现在几个月，除品种等遗传因素外，主要是由良好的营养决定的。

全面平衡的营养素是抵抗力的保障。牛体内的酶、激素、红细胞、白细胞、淋巴细胞、各种细胞的产生，组织细胞的代谢都离不开水、能量、蛋白质、维生素、各种常量和微量元素。如牛对各种病原微生物的特异性抗体的产生，与蛋白营养有极大关系，同样接种疫苗，蛋白营养良好的牛群就比蛋白营养不良的牛群所产生抗体的水平要高，必然保护性就好。因此，要重视饲料的料肉比，选用好消化、易吸收、营养平衡的饲料。

2. 管理保健　管理保健是核心，国外有一公式：效益＝品种＋营养＋环境＋管理。意思是牧场饲养最好的品种、饲喂最优质的饲料、拥有良好的饲养设施，如果管理一塌糊涂，诸如饲喂不均，饥饱不定，光照温控无常，消毒防疫随意等，不仅没有养殖效益，势必造成亏损。现代化牛场的饲养管理都有一个基本的要求和科学的程序。管理人员不要将时间、精力花在疾病研究上，而要将精力时间用在日常的具体管理工作上，制订符合、顺应动物生理特性的管理。发生疾病时，要请专业兽医师诊疗。

3. 环境保健　环境保健是关键，在选址建场时就要立足于动物的保健和疾病防控，按照生产流程合理布局，考虑舍距、风向、办公、生产、生活、粪便处理的不同功能与分区。设计并执行消毒制度；全进全出制度；车辆、用具、人员出入制度；场区灭鼠防鸟、禁养小动物、工作人员自家禁养同类动物制度；引种防病、隔离观察制度；科学免疫、定期检测制度等一系列规章制

度。管理工作越细化、越具体越好，细节决定成败。

4. 药物保健　药物保健是保障，定期使用预防性药物是保障动物健康成长的重要措施，特别是对养殖条件较差的牧场尤显重要。首先在牛的日粮中强化维生素、益生素、酶制剂是有益的。常用药物包括抗生素类、抗病毒类、中草药类。尽量不用人用抗生素，使用抗生素，一般连续使用 2～3 d 即需停药。长期大量使用抗生素有害无益。一是牛真正发病时，无药可医。二是牛肉产品中的药物残留。三是易促使细菌发生变异，给人类社会带来隐患。

三、消毒常态化

消毒是指采用物理、化学及生物方法杀死牛体内外和牛生活环境中的病原微生物。主要是防止外源病原体带入牛群，减少环境中病原微生物的数量，切断传染病的传染途径。消毒是控制牛群传染病发生必不可少的重要手段之一。现代饲养环境条件下，坚持常态化消毒是应对复杂环境变化的必然选择。

1. 规模养殖场　应严格按照消毒规程进行场地消毒。

2. 生活区、办公室及其周围环境　每月大消毒一次。

3. 圈舍及周围环境　每售一批后大消毒一次。

4. 生产区正门消毒池　每周至少更换池水、池药 2 次，保持有效浓度。

5. 车辆　进入生产区的车辆必须彻底消毒，随车人员的消毒方法同生产人员一样。

6. 更衣室、工作服　更衣室每周末消毒一次，工作服清洗时消毒。

7. 生产区环境　生产区道路及两侧 5 m 内范围、畜舍间空地每月至少消毒 2 次。

8. 各栋养殖舍门口消毒池与盆　每周更换池、盆水、药至少 2 次，保持有效浓度。

9. 配种舍、产房　配种舍每周至少消毒 1 次，产房每周至少消毒 2 次。

10. 人员消毒　进入养殖舍人员必须脚踏消毒池，手洗消毒盆消毒。

四、消毒类型

根据消毒目的不同，将消毒分为：预防性消毒，即日常消毒；临时消毒，即发生一般性疫病时的局部环境的强化消毒；终末消毒，即发生重大疫病时的大消毒。牛场消毒的主要对象是：进入牛场生产区的人员及交通工具；牛舍环境；牛体和饮水。牛场经常用的消毒设备有紫外消毒灯、喷雾器、高压清洗机、高压灭菌容器。主要消毒设施包括生产区入口消毒池，人行消毒通道，尸体处理坑，粪便发酵场，专用消毒工作服、帽及胶鞋。

1. 预防性消毒　预防性消毒是指未发生传染源的情况下，对有可能被病原微生物污染的物品、场所和牛体等进行的消毒。

疫源地消毒是指有传染源（患者、带菌者、病畜的排泄物、污染的物品及环境空气等）的情况下进行的消毒。

2. 临时消毒　临时消毒通常应用在已发生某种传染病的场内。可连续或不定期进行消毒，对排泄物污染的环境和物品进行消毒。临时消毒主要是限制传染病病原体的蔓延。如果没有发现牛传染病发生，可以不安排临时性消毒。

牛群中检出并剔出结核病、布鲁氏菌病或其他疫病牛后，有关牛舍、用具及运动场需进行临时性消毒。

（1）布鲁氏菌病牛发生流产时，必须对流产物及污染的地点和用具进行彻底消毒。

（2）病牛的粪尿应堆积在距离牛舍较远的地方，进行生物热发酵后，方可充当肥料。

（3）产房每月进行一次消毒，分娩室在临产牛生产前及分娩后各进行一次消毒。

消毒方法参照预防性消毒。

3. 终末消毒　终末消毒是指传染源转移、死亡而离开疫点或终止传染状态后，对其接触过的地方及污染物品进行的一次彻底消毒。目的是完全消灭病牛所播散的、遗留在圈舍和各种物体上的存活的病原体，使疫点无害化。终末消毒进行得越及时、越彻底，防疫效果就越好。

需要指出的是消毒虽是控制传染病的重要措施，但对于非典型疫病，不能代替其他措施，如隔离、封锁、防护等措施的作用。对于非典型肺炎的疫点消毒，必须在当地疾病控制部门的指导下，由掌握有关消毒知识的人员及时进行消毒处理，通常可直接由当地疾病预防控制部门的消毒人员进行终末消毒。对传染病病牛的终末消毒由防疫部门安排专人进行。

非专业消毒人员开展消毒前应接受培训。为保证消毒效果，根据卫生部《消毒管理办法》和《消毒技术规范》（2002 年版）的有关要求，接到非典型疫情报告后，牛场应在 6 h 内采取消毒措施。

五、消毒方法

消毒方法有物理消毒法：指机械清扫、高压水冲洗、紫外线照射、高压灭菌处理；化学消毒法：指采用化学消毒剂对牛舍环境，饲养用具，牛体表进行消毒处理；生物学消毒：指对牛粪便及污水进行生物发酵，制成高效有机物后利用。

平时重视消毒工作。消毒药物要交替使用，不可常年使用一种消毒剂。因为每种消毒剂的有效成分不同，其杀菌（毒）谱也不同。要讲究消毒方法，喷雾消毒要达到地面湿润；消毒液浓度要足够；消毒密度要高，不留死角；消毒范围要广，围墙之内都在消毒之列，严重时，围墙外一定距离内也要消毒。

1. 车辆进入牛场区的消毒　各种车辆进入牛场生产区时必须进行消毒。牛场门口应设专用消毒池，其大小为：宽 3 m×长 5 m×深 0.3 m，内加 2%氢氧化钠或 10%石灰乳或 5%漂白粉，并定期更换消毒液。进入冬季后，可改用喷雾消毒，消毒液为 0.5%的百毒杀或次氯酸钠，重点是车轮的消毒。

2. 人员进入牛场生产区的消毒　进入牛场的人员必须经消毒后方可进入。牛场应备有专用消毒服、帽及胶靴、紫外线消毒间、喷淋消毒及消毒走道。根据国家卫生部颁布的《消毒技术规范》的规定，紫外消毒间室内悬吊式紫外线消毒灯安装数量为每立方米不少于 1.5 W、吊装高度距离地面 1.8～2.2 m，连续照射时间不少于 30 min（室内应无可见光进入）。紫外线消毒主要用于空气消毒，不适合人员体表消毒。进入牛场人员在紫外线消毒间更新衣服、帽及胶靴后进入专为消毒鞋底的消毒走道，走道地面铺设草垫或塑料胶垫，内加 0.5%次氯酸钠，消毒液的容积以药浴能浸满鞋底为准，有条件的牛场在人员进入生产区前最好做一次体表喷雾消毒，所用药液为 0.1%百毒杀。

3. 饲养设备消毒　重点是饲养器具的消毒。采用 0.2%百毒杀或 0.2%次氯酸钠溶液浸泡 30 min，再用 85℃以上热水冲洗。饲养器具每周清洗一次。

4. 牛舍环境消毒

（1）圈舍消毒　把畜舍的粪尿和敷料等清除后，用常温水或热水充分洗净，以动力喷雾器等把消毒药充分喷洒在床面（每平方米约 2 L）、排水沟、护墙板、天棚等，或用蒸汽消毒器做蒸汽消毒。消毒效果与温度有关，每升高 10℃，其效果可增加 2～3 倍，消毒药在 50～60℃温水中溶解。畜舍严重污染时，用2%烧碱水冲洗，然后用3%～5%的克辽林或20%的漂白粉等消毒液喷洒消毒。也可用福尔马林蒸汽消毒。用漂白粉等药物消毒粪尿坑、污水沟时，需先撒上粗制盐酸等把粪尿坑、污水沟等变成弱酸性，其用量为污物量的1/10以上；使用来苏儿液时，用量要超过污物量，加入被消毒物中搅拌，然后把污物掏出来，在另外的地方深埋。粪尿坑、污水沟等还需要充分泼洒来苏儿液消毒。

（2）地面土壤的消毒　病畜的排泄物（粪和尿）、分泌物（如鼻液、唾液、乳汁、阴道分泌物等）内，常含有多量的病原微生物。这些排泄物、分泌物可污染地面和土壤。要想防止传染病的继续发生和蔓延传播，就要对被污染的地面和土壤进行消毒。消毒土壤表面的消毒药物很多，可利用廉价易得的含2.5%有效氯的漂白粉溶液、4%福尔马林或10%氢氧化钠溶液。如果停放过芽孢杆菌所致传染病（炭疽、气肿疽等）病畜尸体的场所，要严格加以消毒处理。首先用含2.5%有效氯的漂白粉溶液喷洒地面，然后将表层土壤掘起30 cm，撒上干漂白粉，与土混合，将此表土运出掩埋。在运输时，应用不漏土的车，以免沿途漏撒。倘若无条件将此表土运出，则应加大漂白粉的用量（1 m^2 加漂白粉 5 kg），将漂白粉与土混合，加水湿润后原地压平。其他传染病所污染的地面土壤消毒，如为水泥地，则用消毒液仔细冲洗，如为土地，可将地面翻一下，深度30 cm，在翻地的同时，撒上干漂白粉（1 m^2 用 0.5 kg），然后以水湿润、压平。另外一些小面积的污染或一般性传染病时，可应用化学消毒剂喷洒。

（3）牛体消毒　牛体消毒可用浸有福尔马林、来苏儿液等的布块充分擦拭。特别是附着有污物的部分，要用这些消毒液洗刷。但对多数畜体消毒时，要注意气候变化和防止中毒，也可用这些消毒液进行药浴。现已普遍使用阳性肥皂液等对畜舍空气中的微生物和动物体进行喷雾。搬运患畜或疑似患畜的尸体及污染的物品时，要用浸有石炭酸液、福尔马林、来苏儿液等的布块，把有可能流出病原体的鼻孔、口腔等天然孔和其他部分堵塞好，防止污物漏出，并用这些消毒药浸泡过的草席等把整个尸体包扎起来。如有排出的粪尿和残留的其他污物，除认定不含有病原体的污物外，都需在适当的地方把污染物焚烧或消毒，残留有污物的地方要充分泼洒来苏儿液、石炭酸液消毒。

（4）粪便消毒　病畜粪便中常含有大量的病原微生物，污染环境后，会成为非常危险的传播因素，因此，对病畜的粪便应做消毒处理。常用的粪便消毒方法有以下几种。

焚烧法：焚烧是消灭一切病原微生物最有效的方法，尤其是消毒最危险的传染病（如炭疽、气肿疽等），病畜的粪便更为显著。焚烧的方法是在地上挖一深75 cm、宽75～100 cm的坑（根据粪便的多少挖一个大小适宜的坑），且在距坑底40～50 cm处加一铁箅子，在铁箅子下边放木柴等燃料，在铁箅子上放病牛粪便，燃柴烧粪，烧成灰烬后掩埋。如果粪便太稀，可掺一些干草，以便迅速烧毁。

化学药品消毒法：因粪便中含有大量的有机质，所以要加大消毒药液的剂量，常用含2.5%有效氯的漂白粉溶液、20%石灰乳等，最好用5%的氨水液喷湿粪便，拌匀，堆放2～6 h以上，不影响肥效，且有增效作用。

掩埋法：将病畜的粪便与漂白粉或新鲜生石灰混合深埋于2 m以下地下即可。

生物热消毒法：这种方法能使非芽孢病原微生物污染的粪便变得无害，又不失其肥料的使用价值，因此是常用的粪便消毒方法。常用发酵池与堆粪法两种生物热消毒法。

（5）产犊期消毒　怀孕母牛在分娩前应在其所处地面铺设干净垫草，并进行乳房及乳头的擦洗消毒；犊牛出生后，脐带断端用2%碘酊消毒；要及时给犊牛吃上初乳，为犊牛准备专用奶桶，每次使用时要用热水冲洗干净。做好上述消毒工作是减少犊牛大肠性腹泻的重要环节。

（6）饮水消毒　牛场应给牛群提供水质良好的清洁饮水。夏季炎热时期为防止水中病原微生物污染，可于水中加入0.02%的次氯酸钠或百毒杀。冬季应提供加温清洁水，防止饮用冰冻水而发生消化道疾病。

（7）兽用器械消毒　牛场使用的各种手术器械、注射器、针头、输精枪、开膣器等必须按常规消毒方法严格消毒，免疫注射时，应保证每头牛更换一个针头，防止由于针头传播牛无浆体病。

（8）发生疫病时的紧急消毒　当牛群发生某种传染病时，应将发病牛只隔离，病牛停留的环境用2%～4%烧碱喷洒消毒，粪便中加入生石灰处理后用密闭编织袋清除。

（9）终末消毒　死亡病牛应深埋或焚烧处理，运送病死牛的工具应用2%烧碱或5%漂白粉冲洗消毒；病牛舍用0.5%过氧乙酸喷雾空气消毒。

第二节　免　　疫

一、免疫

1. 免疫的概念　免疫是指机体免疫系统识别自身与异己物质，并通过免疫应答排除抗原性异物，以维持机体生理平衡的功能。免疫是动物机体的一种生理功能，主要破坏和排斥进入体内的抗原物质，或机体本身所产生的损伤细胞和肿瘤细胞等，以维持动物的健康。抗原性物质进入机体后激发免疫细胞活化、分化的效应过程称之为免疫应答。虽然免疫应答过程的效应表现主要是以B细胞介导的体液免疫和以T细胞介导的细胞免疫，但体内和体外的试验已证明，这两种免疫应答的产生都是由多细胞系统完成的，即由单核吞噬细胞系、T细胞和B细胞来完成。

（1）免疫应答的识别阶段　是抗原通过某一途径进入机体，并被免疫细胞识别、递呈和诱导细胞活化的开始时期，又称为感应阶段。抗原进入机体后，首先被局部的单核巨噬细胞或其他辅佐细胞吞噬和处理，然后以有效的方式（与MHCⅡ类分子结合）递呈给辅助性T细胞（TH细胞）；B细胞可以利用其表面的免疫球蛋白分子直接与抗原结合，并且可将抗原递呈给TH细胞。T细胞与B细胞可以识别不同种类的抗原，所以不同的抗原可以选择性地诱导细胞免疫应答或抗体免疫应答，或者同时诱导两种类型的免疫应答。另一方面，一种抗原颗粒或分子片段可能含有多种抗原表位，因此可被不同克隆的细胞所识别，诱导多特异性的免疫应答。

（2）淋巴细胞活化阶段　指接受抗原刺激的淋巴细胞活化和增殖的时期，又可称为活化阶段。仅抗原刺激不足以使淋巴细胞活化，还需要另外的信号；TH细胞接受协同刺激，B细胞接受辅助因子后才能活化；活化后的淋巴细胞迅速分化增殖，变成较大的细胞克隆。分化增殖后的TH细胞可产生IL-2、IL-4、IL-5和IFN等细胞因子，促进自身和其他免疫细胞的分化增殖，生成大量的免疫效应细胞。B细胞分化增殖变为可产生抗体的浆细胞，浆细胞分泌大量的抗体分子进入血循环。这时机体已进入免疫应激状态，也称为致敏状态。

（3）抗原清除阶段　是免疫效应细胞和抗体发挥作用将抗原灭活并从体内清除的时期，也称为效应阶段。这时如果诱导免疫应答的抗原还没有消失，或

者再次进入致敏的机体，效应细胞和抗体就会与抗原发生一系列反应。抗体与抗原结合形成抗原复合物，将抗原灭活及清除；T效应细胞与抗原接触释放多种细胞因子，诱发免疫炎症；CTL直接杀伤靶细胞。通过以上机制，达到清除抗原的目的。

2. 免疫可分为天然免疫和获得性免疫

（1）天然免疫　个体与生俱有，一般为非特异性免疫，如吞噬细胞的作用。

（2）获得性免疫

①自动获得性免疫：一般免疫时间长，可带终身，如麻疹、天花、痄腮。

自然获得：如有被天花病毒感染发病史的动物，一般不会再次感染。

人工获得：如种牛痘免疫天花。

②被动获得性免疫：免疫时间短，人工获得时，已较少采用。

自然获得：如幼体在母体胎盘或初乳中获得的免疫。

人工获得：如注射具有免疫力的免疫血清，获得免疫，如治疗蛇毒时注射的血清蛋白。

3. 免疫防线的构成　机体通过三道防线构成免疫力。第一道防线是由皮肤和黏膜构成的，它们不仅能够阻挡病原体侵入机体，而且它们的分泌物（如乳酸、脂肪酸、胃酸和酶等）还有杀菌作用。呼吸道黏膜上有纤毛，可以清除异物；第二道防线是体液中的杀菌物质和吞噬细胞。这两道防线是动物在进化过程中逐渐建立起来的天然防御功能，特点是生来就有，不针对某一种特定的病原体，对多种病原体都有防御作用，因此称为非特异性免疫（又称为先天性免疫）。多数情况下，这两道防线可以防止病原体对机体的侵袭；第三道防线是特异性免疫：主要由免疫器官（胸腺、淋巴结和脾脏等）和免疫细胞（淋巴细胞）组成，其中，B淋巴细胞“负责”体液免疫；T淋巴细胞“负责”细胞免疫（细胞免疫最后也需要体液免疫来善后）。第三道防线是机体在出生以后逐渐建立起来的后天防御功能，特点是出生后才产生的，只针对某一特定的病原体或异物起作用，因而称为特异性免疫（又称为后天性免疫）。后天性的特异性免疫系统，是一个专一性的免疫机制，针对一种抗原所生成的免疫淋巴细胞（浆细胞）分泌的抗体，只能对同一种抗原发挥免疫功能，而对变异或其他抗原毫无作用。

4. 免疫系统组成　免疫系统是由免疫器官、免疫细胞和免疫活性物质组成的。

（1）免疫器官　免疫细胞生成、成熟或集中分布的场所，包括骨髓、胸腺、脾、淋巴结等。

（2）免疫细胞（发挥免疫作用的细胞）

①吞噬细胞。

②淋巴细胞：起源于骨髓中的造血干细胞、T 细胞（在胸腺中成熟）、B 细胞（在骨髓中成熟）。

（3）免疫活性物质　由免疫细胞或其他细胞产生的发挥免疫作用的物质，包括抗体、淋巴因子、溶菌酶等。

（4）免疫系统的三大功能

①免疫防御：就是机体抵御病原体及其毒性产物侵犯，避免患感染性疾病。防御病原微生物侵害机体。该功能过于亢进，就会发生超敏反应；该功能过于低下，就会发生免疫缺陷病。

②免疫自稳：机体组织细胞时刻不停地新陈代谢，随时有大量新生细胞代替衰老和受损伤的细胞。免疫系统能及时地把衰老和死亡的细胞识别出来，并把它从体内清除出去，从而保持人体的稳定。该功能异常时，会发生自身免疫病变。

③免疫监视：免疫系统具有识别、杀伤并及时清除体内突变细胞、防止肿瘤发生的功能，称为免疫监视。免疫监视是免疫系统最基本的功能之一。

预防接种就是用抗原刺激机体使其产生抗体，提高机体抗御能力，清除突变或畸变的细胞，清除肿瘤细胞，破坏已被病毒感染的细胞。当该功能发生异常时，细胞癌变将不能得到及时、有效遏制，持续感染的情况将不能得到及时、有效清除。

二、免疫接种

免疫接种是用人工方法将免疫原或免疫效应物质输入机体内，使机体通过人工自动免疫或人工被动免疫的方法获得防治某种传染病的能力。用于免疫接种的免疫原（即特异性抗原）、免疫效应物质（即特异性抗体）等皆属生物制品。

1. 接种剂量、次数和间隔时间　在一次范围内，免疫力的产生与接种剂量成正比。但一次接种剂量不宜过大，否则反应过于强烈，影响健康，甚至使机体产生免疫麻痹现象。故注射剂量不可任意增减，应按生物制品使用规定进行。一般灭活疫苗注射2～3次，每次间隔7～10 d。类毒素一般接种2次，因其吸收缓慢，故每次间隔4～6周。

2. 接种途径　常用的有肌内、皮下、口服等途径。灭活疫苗多用皮下注射法，活疫苗则可用皮内注射、皮上划痕或以自然感染途径接种，尤以后者为佳。如脊髓灰质炎活疫苗以口服为佳，而流感疫苗则以气雾吸入为佳。

3. 接种后的不良反应　预防接种后，有些动物可出现局部或全身反应，如接种后24 h左右局部出现红肿、疼痛，周围淋巴结肿大、发热、头痛、恶心等。一般1～2 d后即可恢复正常。个别动物在接种后可引起过敏反应。在使用马免疫血清做人工被动免疫时，必须做皮肤试验，阳性者采用脱敏疗法。

4. 有计划地给健康牛群进行免疫接种，可以有效地抵抗相应传染病的侵害　为使免疫接种达到预期的效果，必须掌握本地区传染病的种类及其发生季节、流行规律，了解牛群的生产、饲养、管理和流动等情况，以便根据需要制订相应的防疫计划，适时地进行免疫接种。此外，在引入或输出牛群，施行外科手术之前，或在发生复杂创伤之后，应进行临时性免疫注射。对疫区内尚未发病的动物，必要时可做紧急免疫接种，但要注意观察，及时发现因免疫接种而被激化的病牛。

三、常用疫苗种类及免疫方法

牛场常用疫苗大致有牛口蹄疫O型、A型灭活疫苗，牛传染性胸膜肺炎弱毒苗，牛19号布鲁氏菌苗，结核杆菌疫苗，牛病毒性腹泻疫苗，牛副流感Ⅲ型疫苗等。

1. 牛口蹄疫O型、A型灭活疫苗预防牛口蹄疫　方法及用量：牛口蹄疫O型灭活疫苗肌内注射，1岁以下犊牛每头注射1 mL，成年牛注射2 mL。疫苗注射14 d后开始产生免疫力，免疫期为6个月。牛A型灭活疫苗，6月龄以上成年牛每头注射2 mL，6月龄以下犊牛为1 mL，首次免疫1个月后进行1次强化免疫，以后每隔4～6个月进行1次常规免疫。

2. 牛传染性胸膜肺炎弱毒苗预防牛肺疫，免疫期为1年　用生理盐水或20%氢氧化铝生理盐水稀释，弱毒疫苗，有一定的残余毒力，未使用过本疫苗的地区（尤其是农区），在开展大规模预防注射之前，应先以100～200头牛做安全性试验，观察1个月，证明安全后，再逐步扩大注射数量。注射后应加强观察，如出现不良反应，可用土霉素治疗；对6月龄以下犊牛、临产孕牛、瘦弱或病牛，均不能注射；用时稀释，稀释后疫苗应保存在冷暗处，限当日用完；冻干苗在运输途中必须采用冷藏包装，箱内温度要求在10℃以下。使用单位收到疫苗后，应立即置10℃以下保存；贮藏湿苗应避免冻结。如发生冻结，可放室温或冷水中待其自然融化。湿疫苗在2～8℃保存，有效期为10 d。冻干疫苗在－15℃保存，有效期为1年9个月；在2～8℃为1年。

3. 牛巴氏杆菌病油乳剂疫苗预防牛巴氏杆菌病（牛出血性败血病） 肌内注射，犊牛4～6月龄初次免疫，3～6个月后再免疫1次，每头注射3 mL。在注射疫苗后21 d产生免疫力，免疫期为9个月。

4. 气肿疽灭活疫苗健康牛免疫接种，预防牛气肿疽 不论年龄大小，牛颈部或肩胛后缘皮下注射5 mL，对6月龄以下免疫的犊牛，在6月龄时应再免疫1次。在注射疫苗后14 d产生免疫力，免疫期为1年。

5. 牛传染性鼻气管炎弱毒疫苗预防牛传染性鼻气管炎，适用于6月龄以上牛免疫 按疫苗注射头份，用生理盐水稀释为每头份1 mL，皮下或肌内注射。间隔30～45 d两次注射免疫，免疫期可达1年以上，不会引起牛犊发病和妊娠牛流产。

6. 第n号炭疽芽孢疫苗预防各类牛炭疽 注射部位为颈侧部，皮内0.2 mL或皮下1 mL，注射14 d后产生强免疫力，免疫期为1年。

7. 牛沙门氏菌灭活疫苗预防牛沙门氏菌病 1岁以下牛肌内注射1 mL，1岁以上牛肌内注射2 mL。为增强免疫力，对1岁以上牛在首免后10 d，用相同剂量的疫苗再免疫1次；在已发病牛群中，应对2～10日龄牛犊肌内注射1 mL，怀孕牛在产前45～60 d在兽医监护下注射1次，所产牛犊应在30～45日龄免疫1次，剂量均为1 mL。

四、免疫程序

免疫程序是指根据一定地区为特定动物群体制订的免疫接种计划，包括接种疫苗的类型、顺序、时间、次数、方法、时间间隔等规程和次序。制订肉牛免疫程序时应充分考虑当地疫病的流行情况，牛的种类、年龄，母源抗体水平和饲养管理水平，以及使用疫苗的种类、性质、免疫途径等方面的因素。免疫程序的好坏可根据肉牛的生产力和疫病发生情况来评价，科学地制订一个免疫程序必须以抗体监测为参考依据。牛主要传染病常用免疫程序参考表8－2

（使用时应根据当地疫病发生种类和流行特点针对性选择）：

表 8－2　肉牛免疫程序

类型	接种日龄或时间	疫苗名称	接种方法	免疫期	备注
犊牛	5	牛大肠杆菌疫苗	肌内注射		建议做自家菌灭活菌苗
	80	气肿疽灭活疫苗	皮下	7个月	
	150	牛O型口蹄疫灭活疫苗	肌内注射	6个月	可能有反应
	180	气肿疽灭活疫苗	皮下	7个月	
	200	布鲁氏菌病活疫苗（猪2号）	口服	2年	牛不得采用注射法
	240	牛巴氏杆菌病灭活疫苗	皮下或肌内注射	9个月	犊牛断奶前禁用
		氢氧化铝灭活疫苗		6个月	
	270	牛羊厌气菌氢氧化铝灭活疫苗	皮下或肌内注射		或用羊产气荚膜梭菌多价浓缩苗，可能有反应
	330	牛焦虫细胞疫苗	肌内注射	6个月	最好每年3月接种
成年牛	每年3月	牛O型口蹄疫灭活疫苗	肌内注射	6个月	可能有反应
		牛巴氏杆菌病灭活疫苗	皮下或肌内注射	9个月	
		牛羊厌气菌氢氧化铝灭活疫苗	皮下或肌内注射	6个月	或用羊产气荚膜梭菌多价浓缩苗，可能有反应
		气肿疽灭活疫苗	皮下	7个月	
		牛焦虫细胞疫苗	肌内注射	6个月	
		牛流行热灭活疫苗	肌内注射	6个月	
	每年9月	牛O型口蹄疫灭活疫苗	肌内注射	6个月	可能有反应
		牛巴氏杆菌病灭活疫苗	皮下或肌内注射	9个月	
		气肿疽灭活疫苗	皮下	7个月	
		2号炭疽芽孢疫苗	皮下	1年	
		牛羊厌气菌氢氧化铝灭活疫苗	皮下或肌内注射	6个月	或用羊产气荚膜梭菌多价浓缩苗，可能有反应

五、免疫注意事项

（1）每一种疫苗注射前一定要仔细阅读说明书，严格按照要求进行。

（2）牛在刚出生和吃初乳期间内，因从母体中获得母源抗体，此时注射疫苗会互相干扰，起不到免疫效果。

（3）注射时一定要摇匀使用，否则会造成剂量不准确。

（4）在疫病流行严重地区，应加大剂量接种，可保证免疫效果。

（5）疫苗在运输、保管过程中应低温保存，防止失效。

（6）接种弱毒活菌疫苗时不能同时用抗生素药物，因为抗生素会杀灭活菌，免疫效果不佳。

（7）当牛群已发生传染病时要非常小心，以免部分处于潜伏期的牛暴发疫病。

（8）在免疫过程中一定要加强营养，保证饲养密度不能过大，保持圈舍清洁卫生、干燥通风，才能提高免疫效果。

（9）有些免疫注射需要在适当间隔时间内重复进行，即加强免疫，才能使动物获得最佳免疫力。

（10）对孕畜不能注射弱毒菌，否则会造成流产。只能注射灭活疫苗。

（11）疫苗稀释后，要放于阴凉处，避免阳光直射，并在1h内用完。

（12）绝大多数疫苗应在配种前30d注射，否则会推迟发情受孕。

第三节　主要传染病的防控

传染病常威胁着牛的健康，甚至生命安全，不仅影响经济效益，而且治疗需要花费大量的人力、物力和财力，严重时会影响牛场的发展和生存。所以我们需要对牛主要疫病进行疫情监测，遵循“早、快、严、小”的处理原则，早发现、快处理、严措施、小范围内迅速扑灭疫情，防止疫情扩散。

一、传染病的发生

病原体侵入动物机体，在一定部位定居、生长繁殖，引起一系列病理反应的过程称为传染。传染过程的结构必须具备病原体、动物机体和它们所处的环境等三个因素。而传染病的发生取决于病原体的毒力、数量和侵入途径以及动物机体对该病原体的易感性。在多数情况下，牛的机体条件不适于侵入病原体的生长繁殖，或牛体能迅速动员防御力量将侵入的病原体消灭，从而不出现可见的病理变化和临床症状，这种状态称为抗传染免疫。当动物机体防御力不足时，或病原体毒力强、数量多时，病原体才可在动物机体内生长繁殖，并对机体造成损害。机体产生对抗这些损害的防御、适应、代偿等反应，表现为一定的临床症状，即发生了传染病。传染病的发展过程在大多数情况下具有严格的

规律性，大致可分为潜伏期、前驱期、明显（发病）期和转归期（恢复期）四个阶段。

二、主要传染病

1. 口蹄疫　在口腔发生水疱的同时或稍后，趾间及蹄冠的柔软皮肤上也发生水疱，并很快破溃出现糜烂，然后逐渐愈合。若病牛衰弱或治疗不及时，糜烂部可能继发感染化脓、坏死甚至蹄匣脱落，乳头皮肤有时也可能出现水疱，且很快破裂形成烂斑。本病一般为良性经过，只是口腔发病，约经 1 周即可治愈，如果蹄部出现病变，则病期可延至 2～3 周或更久，死亡率一般不超过 1%～3%。但有时当水疱病变逐渐愈合，病牛趋向恢复健康时，病情突然恶化，全身虚弱、肌肉震颤，特别是心跳加快、节律不齐，因心脏停搏而突然倒地死亡。这种病型称为恶性口蹄疫，病死率高达 20%～50%，主要是由于病毒侵害心肌所致。犊牛患病时特征性水疱症状不明显，主要表现为出血性肠炎和心肌麻痹，死亡率很高。

2. 疯牛病　学名“牛海绵状脑病”。1985 年首次在英国发现这种神经系统疾病，并具有传染性。症状：病牛脑组织呈海绵状病变，临床表现各异，最常见的表现为感觉反常、全身麻痹、体重锐减和精神状态的改变，如恐惧、暴怒、神经质、瘙痒、烦躁不安等症状；3%的病例出现姿势和运动异常，通常为后肢共济失调、颤抖和倒下；90%的病例有感觉异常，表现多样，但最明显的是触觉和听觉减退。病程为 14 d 到 6 个月，最后死亡。由于种类不同，病牛的潜伏期长短不同，一般为 2～3 年。

3. 结核病　结核病是由结核杆菌引起的人畜共患的一种慢性疾病。发病后，常侵害肺脏、消化道、淋巴结、乳腺组织，被侵害组织形成肉芽肿，并引起机体的进行性消瘦。症状：潜伏期长短不一，短的十几天，长的数月至数年，常取慢性经过，因牛患病器官不同，症状也不同。

4. 炭疽　炭疽病是由炭疽杆菌引起的人和动物共患的一种急性、热性、败血性传染病，常呈散发或地方流行。症状：动物自然感染的潜伏期一般为 1～3 d，也有长达 14 d 的。临诊症状有最急性、急性和亚急性三种类型；牛多呈急性或亚急性经过。

5. 巴氏杆菌病　巴氏杆菌病是由多杀性巴氏杆菌引起的一种败血性传染病。牛急性经过主要是呈败血症和出血性炎症，故又称牛出血性败血病，以高热、肺炎或急性胃肠炎合并内脏广泛出血为主要特征。

症状：潜伏期 2～5 d。根据临床表现，常可分为败血型和肺炎型两种。

6. 其他传染病 牛还有很多其他的传染病，如沙门氏菌病、牛流行热、牛的传染性鼻气管炎、犊牛大肠杆菌病、布鲁氏杆菌病等。它们各有各的临床症状，但它们都会给人类带来损失，所以我们要预防并治疗这些传染病。

三、传染病的控制与治疗

鉴于有些病原微生物具有不同动物宿主，而且具有高度接触性、传染性，抗原的多样性和变异性，以及感染后或接种疫苗后免疫期较短等特点，因此在实际工作中传染病的控制比较复杂。

1. 口蹄疫 用消毒液对病牛的口腔等溃烂部位进行冲洗，并在溃烂面上涂龙胆紫和碘甘油等药物。应对病牛进行消毒和隔离，并加强病牛的护理，给病牛食用稀软和水分较大的饲料。对病牛的粪便、尿液、垫草、食用过的饲料和乳汁进行妥善处理，防止病毒传播。可对病牛注射“五号疫毒克星”（主要成分为乌柏甘油酯、肉桂氨基酸、解毒因子），肌内注射，剂量为每千克体重 0.05 g，每天 1 次。

2. 恶性卡他性热 本病是急性传染病，病因为恶性卡他热病毒传染所致，是非接触性传染疾病。牛恶性卡他性热的特征是病牛持续发热，口、鼻处出现脓性鼻液，病牛的眼角膜发炎，通常出现脑炎症状，牛感染该病后死亡率很高。预防本病应保持牛栏、饲料和饮水卫生，牛群定期注射疫苗，以提高对恶性卡他热病毒的抵抗力。按照有关法规和标准定期对牛群进行检查，发现牛患恶性卡他热疾病，应对其采取严格控制措施，及时扑杀，防止病毒进一步扩散，对被污染的牛舍及用具应进行彻底消毒。

3. 放线菌病 放线菌病为慢性传染病，病因是牛放线菌及林氏放线菌传播导致。本病 2～5 岁牛发病较多。放线菌病的特征是病症出现在病牛的头部、颈部及舌部。放线菌侵害的对象主要为牛的骨骼，牛组织中出现外观呈灰、灰黄或微棕色的硫黄颗粒，有别针头大小，或柔软，或坚硬。应防止牛皮肤及黏膜处出现创伤，避免给牛喂食过长或过硬的干草。病牛的硬结可通过手术进行切除。给病牛服用碘化钾，在病牛的患部注射青霉素。在发病的早期，应及时进行治疗，患部出现破溃的重症病牛要及时淘汰，以避免疾病传播。

4. 布鲁氏菌病 预防本病可给牛服用或注射土霉素、金霉素或磺胺类药物。在确认病牛患上布鲁氏菌病后，最佳方案是进行淘汰处理。

5. 结核病　定期开展检疫，对患牛结核病的病牛应及时扑杀，做无害处理，避免病菌扩散。每年都要对牛舍和牛栏的出口处做大面积消毒处理，应在一年内进行2～4次消毒，每月对牛饲料及各类用具消毒一次。发现病牛应做临时性的消毒处理和治疗，牛的粪便在发酵后方可进行利用。

第四节　常见普通病的防治

一、口炎、咽炎、创伤性网胃炎

主要由饲料中尖锐异物机械损伤口腔、咽部及网胃所致。牛误食或吸入刺激性气体也易导致口炎和咽炎。因此，预防口炎、咽炎和创伤性胃炎的主要措施是注意饲料卫生，剔除饲料中混有的铁钉等坚硬的异物，及时修整病齿，保持牛舍清洁。向瘤胃内投放磁棒，可吸除网胃内异物，预防网胃炎。

二、食管梗塞

主要是牛饥饿后贪食，采食过急或采食中突然受惊急咽，多在吞食萝卜、甘薯、甜菜等块状饲料时因食物卡于食管而发病。预防措施是定时定量饲喂，块根饲料要切碎切细，豆饼要泡软。

三、瘤胃积食

主要是由于饲喂不当，采食大量粗硬劣质难消化的饲料或采食大量适口易膨胀的饲料所致。预防的措施是饲料丰富多样，防止过食，防止突然更换饲料，粗饲料要适当加工软化后再喂。

四、瘤胃酸中毒

主要是由于突然采食大量富含碳水化合物的籽实饲料（大麦、小麦、玉米、高粱）或长期过量采食块根饲料（甜菜、马铃薯或甘薯）以及酸度过高的青贮饲料所致。症状：病牛食欲不振，外观精神萎靡，行动懒散，脉搏加快，双眼下陷和脱水。预防措施是不要在日粮中突然使用大量精料，饲喂优质干草，可预防该病发生。

五、瘤胃胀气

本病是牛采食大量易发酵产气饲料，使瘤胃急剧膨胀的疾病。牛在采食大量易发酵的幼嫩多汁的紫云英、三叶草等豆科牧草，或采食大量的雨季潮湿的青草、霜冻的牧草及腐败发酵的饲料，均能引起本病。症状：瘤胃内聚积过多的气体，呼吸困难，过度地流涎，左腹部膨胀，严重时可致死亡。预防措施是不在有露水的草场放牧，防止牛采食冷冻的牧草及腐败青贮饲料。

六、感冒

牛因受寒而引起，如寒夜露宿、久卧冷地、贼风侵袭、冷雨浇淋、风雪袭击而引起的疾病。症状：呼吸道出现炎症，病牛精神沉郁，食欲减退或废绝，反刍减少或停止，体温升高，呼吸加快，结膜潮红，畏光流泪。预防措施是加强动物耐寒锻炼，注意气候变化，做好牛舍的保暖工作。

七、中暑

在炎热季节，牛的头部受到强烈阳光照射，引起脑膜充血和脑实质急性病变，称为日射病。它是由光线穿透脑颅骨引起局部温度升高所致；在潮湿闷热的环境中，机体散热困难，体内积热、引起中枢神经系统紊乱，发生热射病。日射病和热射病统称中暑。症状：病牛精神沉郁或兴奋，运步缓慢，体躯摇晃，步样不稳。全身出汗，体温升高，呼吸加快，脉搏增加，食欲废绝，饮欲增加。后期，高热昏迷，卧地不起，肌肉痉挛而死。预防措施：肉牛在炎热季节早晚放牧，中午休息。圈栏圈养时在运动场应设凉棚，以遮阳光避风雨。舍饲牛的牛舍应通风良好，饲养密度不可过高，牛舍温度应不超过 30℃。车船运输，应注意通风，不可过分拥挤。

八、牛泰勒焦虫病

牛泰勒焦虫病是由泰勒科、泰勒属的各种焦虫寄生于牛网状内皮系统细胞或红细胞引起发病，又称为血孢子虫病。最常见、危害最大的是环形泰勒焦虫。一般发病季节是 5—8 月份，7、8 月份为高峰期，1～3 岁牛多发。病状：表现为贫血、可视黏膜黄染，乳房、腹下等短毛部位皮肤发黄。体温升高，体表淋巴结肿大并有痛感，呼吸快速，心跳加快，眼结膜潮红等。镜检可发现虫体。

治疗：（1）贝尼尔　每千克体重 7～10 mg 配成 7%的水溶液，肌内注射，每日 1 次，连用 3 d。或每千克体重 5 mg 配成 1%溶液进行静脉注射，每日 1 次，连用 2 d。有报道，用贝尼尔和黄色素交替使用效果较好。用法：第1 天和第 3 天肌内注射贝尼尔（每千克体重 3～4 mL），第 2 天和第 4 天静脉注射黄色素（每千克体重 4～5 mL）。

（2）牛焦虫散　片剂，每千克体重服 1 片。每日 1 次，连服 3 d。预防：对新引进牛要进行血液寄生虫病检查；消灭舍内的蜱及其他虫体，保持卫生，消毒；注意草的清洁，注意料库不要受到污染。

九、繁殖疾病

1. 生殖道疾病　在久配不孕的牛中，大多数牛有生殖道炎症，且多数为子宫内膜炎和子宫颈炎，很少有输卵管炎的，除非该牛只有子宫撕裂史。生殖道炎症之所以引起不孕，是因为生殖道发炎危害了精子、卵子及合子。同时，使卵巢的机能发生紊乱从而造成不孕，常见的生殖道炎症防治如下：

防治：产房要彻底打扫消毒，对于临产母牛的后躯要清洗消毒，助产或剥离胎衣时要无菌操作。对于患牛主要是控制感染，促使子宫内炎性产物的排出，对有全身症状的进行对症治疗。如果子宫颈未开张，可肌内注射雌激素制剂促进开张，开张后肌内注射催产素或静脉注射 10%氯化钙溶液 100～200 mL，促进子宫收缩而排出炎性产物。然后用 0.1%高锰酸钾液或 0.02%新洁尔灭液冲洗子宫，20～30 min 后向子宫腔内灌注青霉素、链霉素合剂，每天或隔天一次，连续 3～4 次。但是对于纤维蛋白性子宫内膜炎，禁止冲洗，以防炎症扩散，应向子宫腔内注入抗生素，同时进行全身治疗。

2. 激素紊乱性疾病　由于饲养管理不当，生殖道炎症、应激等，使生殖系统功能异常，体内激素分泌紊乱而使母牛的生殖机能受到破坏，常发生卵巢囊肿、卵巢静止、持久黄体等。卵巢囊肿可分为卵泡囊肿和黄体囊肿。目前认为卵巢囊肿可能与内分泌机能失调，促黄体素分泌不足，排卵机能受到破坏有关。

症状：卵泡囊肿时，病牛发情不正常，发情周期变短，而发情期延长，或者出现持续而强烈的发情现象，成为慕雄狂。并且病牛极度不安，大声哞叫，食欲减退，排粪排尿频繁，经常追逐或爬跨其他母牛，有时攻击人畜。直肠检查时，发现卵巢增长，在卵巢上有 1 个或 2 个以上的大囊肿，略带波动。黄体囊肿时，母牛不发情，直肠检查卵巢体积增大，可摸到带有波动的囊肿。为了鉴别诊断，可间隔一定时间进行复查，若超过一个发情期以上没有变化，母牛仍不发情，可以确诊。

防治：加强饲养管理，减少应激，人工授精时，严格按照操作规程进行，对于患牛，近年来多采用激素治疗囊肿，效果良好。促性腺激素释放激素类似物：母牛每次肌内注射 400～600 ug，每天 1 次，可连续使用 2～4 次，但总量不能超过 3 000 μg。一般在用药后 15～20 d，囊肿会逐渐消失而恢复正常排卵。垂体促黄体素：无论卵泡囊肿或黄体囊肿，母牛一次肌内注射 200～400 IU，一般 3～6 d 后囊肿消失并形成黄体，15～20 d 恢复正常发情。若用药 1 周后仍未见好转，可第二次用药，剂量比第一次稍增大。绒毛膜促性腺激素：具有促使黄体形成的作用，牛静脉注射 2 500～3 000 IU 或肌内注射 0.5 万～1 万 IU。

3. 持久黄体　饲料单纯，维生素和无机盐缺乏，运动不足，子宫内膜炎，或产后子宫复旧不全或子宫肌瘤等均可影响黄体的退缩和吸收，而成为持久性黄体。

症状：母牛发情周期停止，长时间不发情，直肠检查时可摸到一侧卵巢增大并发硬。若超过了应当发情的时间而不发情，需间隔 5～7 d，进行 2～3 次直肠检查，黄体大小、位置及硬度均无变化，即可确诊为持久性黄体。但为了与怀孕黄体加以区别，必须仔细检查子宫。

防治：根据具体情况改进饲养管理，或首先治疗子宫疾病。为了促进持久黄体退缩，可肌内注射前列腺素（PG）5～10 mg，一般注射一次后，1 周内发情，配种即能受孕。也可肌内注射氯前列烯醇或氟前列烯醇 0.5～1 mg，注射一次后，一般在 1 周内见效，若无效时，可间隔 7～10 d 重复一次。

4. 卵巢静止　因饲养管理不当，子宫疾病等使卵巢机能受到扰乱后而处于静止状态。症状：主要表现为母牛不发情，直肠检查时，卵巢大小、质地正常，却无卵泡和黄体，或者有残留的陈旧黄体痕迹，大小如蚕豆并较软。而有些卵巢质地较硬、略小，相隔多天后卵巢仍无变化，子宫收缩无力，体积缩小。

防治：加强饲养管理，补充营养如维生素、无机盐等，加强运动。治疗患牛时大多采用通过直肠按摩卵巢、子宫颈、子宫，隔天一次，每次 10 min 左右，4～5次为一个疗程，并结合肌内注射已烯雌酚 20 mg，RH－A 3 200 IU；黄体酮 50 mg，每天 1 次，连用 3 d。5～7 d 后若无黄体或卵泡再进行一次。

第五节　疾病防控应急预案

一、未发病牛场的预防预案

严格执行防疫消毒制度。全场应立即成立传染病防治小组，负责疫病的防治工作；提高对传染病危害性的认识，自觉遵守防疫消毒制度；场门口要有消毒间、消毒池，进出牛场必须消毒；严禁非本场的车辆入内。猪肉及病畜产品严禁带入牛场食用；每月定期对牛舍、牛栏、运动场用 2%苛性钠或其他消毒药进行消毒。消毒要严、要彻底。坚持进行疫苗接种。定期对所有牛只进行系统的疫苗注射，使牛具有较好的保护能力。例如，在中国农业科学院兰州兽医研究所和哈尔滨兽医研究所研制生产并已经使用的口蹄疫活疫苗，其型号有牛羊 O 型口蹄疫灭活疫苗（单价苗）和牛羊 O－A 型口蹄疫双价灭活疫苗（双价苗）。

1. 犊牛　出生后 4～5 个月首免，肌内接种单价苗 2 mL/头或双价苗 2 mL/头。首免后 6 个月二免（方法、剂量同首免），以后每间隔 6 个月接种 1 次，肌内接种单价苗 3 mL/头或双价苗 4 mL/头。

2. 育成牛　对于口蹄疫，每年接种疫苗 2 次，每隔 6 个月接种 1 次。单价苗肌内注射 3 mL/头，双价苗肌内注射 4 mL/头。

3. 生产母牛　对于口蹄疫，分娩前 3 个月肌内注射单价苗 3 mL/头或双价苗 4 mL/头。

二、发生疫情的紧急防治预案

（1）发现传染病疑似病例时，及时报告当地兽医卫生监督部门，兽医卫生监督部门积极采取措施并报告当地政府行政部门和上一级兽医卫生监督部门。经确诊后当地政府发布封锁令，立即采取严格的封锁隔离措施，禁止该区域畜禽商品性流通，并成立相应的领导机构，布置、监督和检查实施情况。

（2）封锁区内的所有家畜包括牛、羊、猪，以及猫、犬等，其活动都要受到限制。人的活动也要受到限制，需活动时，应彻底消毒后才可放行。

（3）病畜及易感染家畜尽快屠杀并掩埋掉，应做好无害化处理。并在疫区内采取以下措施：在很少发生或没有流行过传染病的牛场和地区，一旦发生疫情，应采取果断措施，扑杀疫区内的所有牲畜，彻底消毒。在流行过传染病的地区，如果疫区不大，疫点不多，在经济条件允许的情况下，将疫区内的病畜和易感动物全部扑杀，彻底消毒，在距疫区10 km以内的地区，对易感动物进行强制免疫。

（4）房舍、地面、系畜桩、墙壁、围栏及其他物体，用2％氢氧化钠溶液或石灰水喷洒消毒。住处及其他密闭建筑物可用36％的甲醛溶液熏蒸。

（5）工作用品如胶皮手套、靴子、围裙等，用2％碱液或过氧乙酸液消毒。

（6）受污染的草垛可以弃去表层，余下的用4％甲醛溶液喷雾消毒。

（7）旧草、褥草、粪便等，一律焚烧。

（8）疫区封锁令的解除。疫区内最后一头病畜扑杀后，经过1个月的观察，再未发现病畜时，经彻底消毒清扫，由原发布封锁令的县以上人民政府发布解除封锁令，并通报毗邻地区和有关部门，同时报告上级政府机关和防疫部门备案。

牛的常见病较多，但只要发病，就及时治疗，均可治愈。牛的传染病因其传染快，发病率和死亡率均高，不易治愈而危害最大，尤其是人畜共患传染病威胁人民的生命安全。养牛业一定要切实抓好春秋两季预防注射，坚持“预防为主，防重于治”的方针是至关重要的。

（林清、田万强、昝林森）

第九章
养牛场建设与环境控制

肉牛场建设和规划应符合建设资源节约型和环境友好型畜牧业的新要求，遵循因地制宜、科学选址、合理布局、统筹安排的原则。肉牛业的生产效益不仅取决于对肉牛科学的饲养管理，还取决于肉牛的饲养环境。这里所说的环境是针对集约化养牛场的封闭式牛舍内环境，是指牛周围的小气候环境，包括温度、湿度、光照、通风及空气质量等环境因子。牛舍的环境控制是在建设或改建及牛舍使用时要充分考虑的各种措施，用这些措施消除和减缓自然因素对牛饲养过程中的不利影响，保证牛只的健康，预防疾病，降低饲养成本，从而达到最佳的生产性能，提高生产效益等。

随着规模化肉牛养殖业的迅速发展，产生的有害气体、大量固体废弃物和有机废水已成为一些地区特别是大中城市郊区的主要污染源之一，环境保护问题日渐突出。建立肉牛养殖场环境保护、粪便处理和资源利用的系统工程，是保护环境的必要措施。

第一节　养牛场选址与建设

肉牛场的场址选择必须与当地农牧业发展总体规划、土地利用规划和城乡建设规划结合起来，不能在人口聚集区、水源保护区、旅游区、自然保护区、环境污染严重区、自然灾害易发区、畜禽疫病常发区和山谷洼地等地段建场；必须遵守十分珍惜和合理利用土地的原则，不得占用基本农田，尽量利用荒地或非耕地建场。场地建筑物要整齐紧凑，符合功能要求，水电、路等基础设施配套到位，所有设施要有利于整个生产过程，科学合理安排，有利于发挥更好的经济效益和社会效益。

一、选址原则及要求

场址的选择原则上应综合考虑自然环境、社会经济状况、肉牛的生理和行为需求、卫生防疫条件、生产工艺、饲养技术、生产流通等各种因素，便于组织管理生产，避免选择人、畜地方病流行的地方。肉牛场建设和规划过程中，按照国家有关设计、卫生、排放等规范、标准和规程进行。

1. 地势　肉牛场应建在地势高燥、背风向阳，地下水位2 m以下，具有北高南低的缓坡，地势总体平坦的地方；绝不可建在低洼或低风口处，以免排水困难、汛期积水及冬季防寒困难。因此，要综合考虑当地的气候因素，如最高温度、湿度、年降水量、主风向、风力等，以选择有利地势。南方牛舍建设要考虑防暑降温，北方牛舍建设要考虑防寒保暖。

2. 地形　开阔整齐，正方形、长方形，避免狭长或多边形。

3. 水源　肉牛牛场要备有充足的水质良好、取用方便、不含毒物、符合《生活饮用水卫生标准》（GB 5749）的规定卫生要求的地上或地下水源，以保证肉牛生产、人员生活用水。

4. 土质　土质以沙壤土最理想，沙土较适宜，黏土最不适。沙壤土土质松软，抗压性和透水性强，吸湿性、导热性小，雨水、尿液不易积聚，雨后没有硬结，有利于牛舍及运动场的清洁与卫生干燥，有利于防止蹄病及其他疾病的发生。

5. 社会联系　根据当地常年主导风向，场址应位于居民区及公共建筑群的下风向处，距居民区和其他畜牧场不少于1 000 m，还要避开对肉牛场污染的屠宰、加工和工矿企业，特别是化工类企业。最好周围2 000 m内无工业污染源和村庄及公路主干线。符合兽医卫生的要求，周围无传染源。交通供电方便，周围饲料资源尤其是粗饲料资源丰富，且尽量避免周围有同等规模的饲养场，避免原料竞争。

二、规模的选择

规模大小是场区规划与牛场建设的重要依据，规模大小的确定应考虑以下几个方面：自然资源特别是饲草饲料资源；资金情况及社会经济条件，肉牛生产所需资金较多，资金周转期长，报酬率低。资金雄厚，规模可大，总之要量

力而行，进行必要的资金分析，社会经济的好坏，对饲养规模有一定的影响；场地面积更需要考虑，肉牛生产、牛场管理，职工生活及其他附属建筑物等需要一定场地、空间。牛场大小可根据每头牛所需面积，结合长远规划来计算。牛舍及其他房屋的面积为场地总面积的15%～20%。由于牛体大小、生产目的、饲养方式等不同，每头牛占用的牛舍面积也不一样。肥育牛每头所需面积为1.6～4.6 m^2，通常育肥牛有垫草的每头牛占2.3～4.6 m^2，有隔栏的每头牛占1.6～2.0 m^2。

三、场区的规划与布局

（一）牛场的规划

牛场场区规划应本着因地制宜和科学饲养的要求，合理布局，统筹安排。一般牛场按功能分为三个区：即管理区、生产区、隔离区。分区规划首先从人畜保健的角度出发，使区间建立最佳生产联系和环境卫生防疫条件，考虑地势和主风方向进行合理分区。

1. 管理区　管理区是牛场从事经营管理活动的功能区，设在场区常年主导风向的上风向及地势较高处，避免牛场中的不良气味、粪便、噪声以及污水，因风向与地表径流而污染居民生活环境，以及人畜共患疾病的相互影响。该区主要包括行政和技术办公室、车库、配电室、职工生活区及与外界接触密切的生产辅助设施等。管理区与生产区应加以隔离，保证50 m以上距离，外来人员只能在管理区活动，场外运输牲畜车辆严禁进入生产区。

2. 生产区　生产区是牛场的核心，对生产区的布局应给予全面细致的考虑。牛场经营如果是单一或专业化生产，饲料、牛舍以及附属设施也就比较单一。在饲养过程，应根据牛的生理特点，对肉牛进行分舍饲养，并按群设运动场、饲料库、加工车间和青贮池，离每栋牛舍位置适中地势稍高处，既利于干燥通风，又便于车辆运送草料，减小劳动强度，并应保证防疫防火安全。

3. 隔离区　粪尿污水处理、病畜管理区应设在生产区下风地势低外，与生产区保持300 m卫生间距。病牛区应便于隔离，单独通道，便于消毒，便于污物处理，防止污水粪尿废弃物蔓延污染环境。

牛场的大门处应设有车辆消毒池、脚踏消毒池或喷雾消毒池、更衣间等设施，进入生产区的大门也应设脚踏消毒池。

（二）牛场的布局

1. 牛棚舍朝向　一般牛舍方向为东西向（即坐北朝南），利用背墙阻挡冬、春季的北风或西北风。在天气较寒冷的地方牛棚可以是南北向，气温较暖的地区一般是东西向。此外，除正常饲养牛舍外，在牛场的边缘地带应建有一定数量的备用牛舍，供新购入牛的隔离观察。

2. 牛舍布置形式　牛舍的形式依据饲养规模和饲养方式而定。牛舍的建造应便于饲养管理、采光、夏季防暑、冬季防寒及防疫。修建多栋牛舍时，应采取长轴平行配置，当牛舍超过 4 栋时，可以两行并列配置，前后对齐。

四、牛场的建设

修建牛舍的目的是为了给牛创造适宜的生活环境，保证牛的健康和生产的正常运行。花较少的饲料、资金、能源和劳力，获得更多的畜产品和较高的经济效益。为此设计肉牛舍应掌握以下原则：①牛场在设计时必须满足牛对各种环境因素的需求，包括温度、湿度、光照、通风以及空气质量等。②要遵循科学合理的生产工艺，包括牛群的组成及其饲养管理方式、周转方式、草料的运送和贮备、粪污的清理及处理方式、水电和饲料等消耗定额、劳动定额、生产设备的选型配套、需达到生产指标等。③严格执行兽医防疫制度，防止疫病传播，根据防疫要求合理进行场地规划和建筑物布局，确定牛舍的朝向和间距，设置消毒设施，合理安置污物处理设施等。④应尽量降低工程造价和设施投资，栏舍修建应尽量利用自然界的有利条件（如自然通风、自然光照等），尽量就地取材，采用当地施工建筑习惯，适当减少附属用房面积，以降低生产成本，加快资金周转，实现高效的生产。

（一）牛舍的建设

1. 牛舍的类型　牛舍类型可根据饲养方式的不同分为拴系式栏舍和围栏式栏舍。

（1）拴系式育肥牛舍　适合当前农村的一种饲养方式。每头牛都用链绳或牛枷固定拴系在食槽或栏杆上，因有固定的槽位和牛床，互不干扰，便于饲喂和个体观察，但需解决好牛舍通风、光照、卫生等问题。北方寒冷地区适宜采用封闭式牛舍；对于冬季较为寒冷地区可采用半开放式牛舍，在冬季寒冷时，

将敞开部分用塑料薄膜遮拦成封闭状态，气候转暖时可把塑料薄膜收起，从而达到夏季通风、冬季保温的目的，使牛场的小气候得到改善。

（2）围栏式育肥牛舍　围栏育肥牛舍是育肥牛在牛舍内不拴系，高密度散放饲养，牛自由采食、自由饮水的一种方式。围栏牛舍多为开放式或棚舍，并与围栏相结合使用。

2. 舍内牛群排列方式　牛舍内部排列方式视牛群规模而定，按照牛舍跨度大小和牛床排列形式，可分为单列式和双列式。单列式只有一排牛床，牛舍饲养规模较小，跨度小，一般5～6 m，易于建筑，通风良好，但散热面大。适合小型牛场采用。双列式有两排牛床，分左右两个单元，跨度10～12 m，能满足自然通风要求。在肉牛饲养中，以对头式应用较多，中间为物料通道，两侧为饲槽，可以同时上草料，饲喂方便，便于机械操作，缺点是清粪不方便。

3. 牛舍的建筑结构　牛舍可采用砖混结构或轻钢结构，可用于四面有墙的牛舍；棚舍可采用钢管支柱。每栋牛舍长度根据养牛数量而定，两栋牛舍间距不少于15 m。

（1）地基与墙体　地基深0.8～1.0 m，砖墙厚约24 cm或37 cm，灌浆勾缝，双坡式牛舍脊高4～5 m，前后墙高2.0～3.0 m。单坡式牛舍前墙高2.5～3.0 m，后墙高2.0 m。牛舍内墙的下部要设置墙围，高度0.5～1.0 m，防止水气渗入墙体，以提高墙的坚固和保温性能。

（2）门窗　门高约2.1 m，宽2.0～2.5 m。一般门要做成双开门，向外开启或者上下翻卷门，不设门槛。窗户设在牛舍开间墙上，南窗规格100 cm×120 cm，数量宜多，北窗规格80 cm×100 cm，数量宜少或南北对开，如果窗子采用封闭式，则应该大一些，高1.5 m，宽1.5 m，窗台高度大约是1.2 m。

（3）屋顶　一般最常用的就是双坡式屋顶。这种形式的屋顶可适用于较大跨度的牛舍，可用于各种规模的各类牛群。这种屋顶既经济，保温性又好，而且容易施工修建。牛舍净高通常为2.8～3.2 m，双列布置的牛舍檐高一般不低于3.6 m。且随着牛舍跨度的增加，牛舍高度也需增加，屋顶斜面呈45°。

（4）地面　牛舍的地面因建材不同分为黏土、三合土（石灰∶碎石∶黏土为1∶2∶4）、石地、砖地、木质地、水泥地面等。地面应致密坚实，不打滑，有弹性，便于清洗消毒，具有良好的清粪排污系统。牛床地面可用水泥地面，做成粗糙磨面或划槽线，线槽坡向粪沟做1.5%坡度倾斜。

（5）清粪通道及粪沟　清粪通道应根据清粪工艺的不同进行具体设计。牛舍内的清粪通道同时也可作为牛进出的通道。清粪通道的宽度要能够满足清粪工具的往返。通道路面横向坡度（坡向粪沟）要大于1%，路面上要设置防滑凹槽以防止牛滑倒。一般在牛床和通道之间设置排粪明沟。清粪工艺不同，粪沟的要求也不同，牛舍内的清粪方式一般有人工和机械清粪两种方式。人工清粪时，明沟宽度一般为32～35 cm、深度为5～8 cm（考虑采用铁锹放进沟内进行清理）。粪沟过深会伤牛蹄，沟底应有1%～3%的纵向排水坡度。尿液、污水排至舍外排污管的入口处，要设置拦网，过滤固草等较大物体，防止排污管道阻塞。在沟内也可装置机械传动刮粪板和沟面采用铸铁缝隙盖板，此时粪沟宽度和深度根据具体情况而定。另外，近年来还出现设置漏缝地板的牛舍，牛在走动时将牛粪踩入设置于地板下方的粪沟内，然后由刮粪板刮出。暗沟通达舍外贮粪池。贮粪池离牛舍约5 m，池容积每头成年牛为0.3 m^3，犊牛为0.1 m^3。

（6）饲料通道　在食槽前面设有饲料通道，用作运送、分发饲料。单列式饲料通道位于饲槽与墙壁之间；对头式饲养的双列牛舍，饲料通道位于两槽之间，应根据送料工具和操作时的宽度来决定其尺寸，一般人工送料时通道宽1.5 m左右，机械送料时宽为2.8 m左右。饲料通道通常高出牛床床面10～20 cm以便于饲料分发。

（7）工作间与调料室　双列式牛舍靠近道路的一端设有两间小屋，一间为工作间（或值班室），另一间为调料室，面积12～14 m^2。

（二）运动场

牛采食后，晴天主要在牛棚外休息，运动，晒太阳。运动场设在牛舍的前面或后面，其长度应以牛舍长度一致对齐为宜，面积按每头牛6～8 m^2 设计。自由运动场四周围栏可用钢管，高1.5 m。运动场地面以用沙、石灰和泥土做成的三合土为宜，并向四周有一定坡度（3°～5°）。运动场应设立补饲槽和水槽。育肥牛一般要减少运动，饲喂后拴系到运动场休息，以减少饲料消耗，提高增重。对繁殖母牛，每天应保证充足的运动量和日光浴。对于公牛应强制运动，以保证健康。

（三）牛场道路

牛场与外界应有专用道路连通。场内道路分净道和污道，两者要严格分开，不得交叉、混用。净道路面宽度不小于3.5 m，转弯半径不小于8 m。道

路上空净高 4 m 内无障碍物。

第二节　牛场主要设施设备

牛场设备是指各种专用机具及内部设施的总称。主要包括拴系、饲喂、饮水、除粪等设备。

一、保定及拴系设备

1. 保定架　用于打针、灌药、编耳号及治疗。通常用圆钢材料制成，架的主体高 160 cm，前颈枷支柱高 200 cm，立柱部分埋入地下约 40 cm，架长 150 cm，宽 65～70 cm。现代化牛舍的围栏上就装有颈枷。

2. 拴系设备　用以限制牛在牛床内的活动范围，使牛的前脚不能踩入饲槽，后脚不能踩入粪沟，牛身不能横躺在牛床上，但也不妨碍牛的正常站立、躺卧。有链式和关节颈架式等类型，常用的是软的横行链式颈架。两根长链（760 mm）穿在牛床两边支柱的铁棍上，能上下自由活动；两根短链（500 mm）组成颈圈，套在牛的颈部。结构简单，但需用较多的手工操作来完成拴系和释放牛的工作。关节颈架拴系设备在欧美使用较多，有拴系或释放一头牛的，也有同时拴系或释放一批牛的。它由两根管子组成长形颈架，套在牛的颈部。颈架两端都有球形关节，使牛有一定的活动范围。

3. 鼻环　农村饲养的牛为便于抓牛，尤其是未去势的公牛，有必要戴鼻环。鼻环有两种类型：一种为不锈钢材料制成，质量好又耐用，但价格较贵；另一种为铁或铜材料制成，质地较粗糙，材料直径 4 mm 左右。

4. 缰绳与笼头　采用围栏散养的方式可不用缰绳与笼头，但在拴系饲养条件下是不可缺少的。缰绳通常系在鼻环上以便于牵牛；笼头套在牛的头上，是一种传统的物品，有了笼头，抓牛方便，而且牢靠。缰绳材料有麻绳、尼龙绳、棕绳及用破布条搓制而成的布绳，每根长 1.5～1.7 m，直径 0.9～1.5 cm。

二、饲喂设备

饲喂设备主要有贮料塔、喂食机和饲槽等。

（一）贮料塔、青贮窖（池）

设在畜舍一端外侧，用于临时贮存从饲料加工厂运来的干燥粉状或颗粒状配合饲料。塔身多为圆形，塔顶开有装料口，通过连杆机构从塔底能自动启闭顶盖。塔的下部呈圆锥形或斜锥形，以防饲料架空而影响排料。底部是一个长方形出料槽，通过运饲器把塔里的饲料运送到喂食机的饲料箱内，再由喂食机将饲料分送到饲槽，供牛食用。运饲器有螺旋弹簧式、普通螺旋式、塞盘式或链板式等多种类型。通常采用螺旋弹簧式和普通螺旋式。一般运送距离25～50 m，生产率为400～1 400 kg/h。青贮窖（池）适宜于规模较大的牛场。每立方米存贮量在400～500 kg。可依据地形简称方形、圆形或其他形状。

（二）喂食机

种类很多，常用的是螺旋弹簧式喂食机和饲料车。螺旋弹簧式喂食机由螺旋弹簧输料管、驱动器和食槽等组成。驱动器装在输料管的末端，直接与螺旋弹簧相接，输料管上每隔一个牛床的距离安装一个饲槽，在末端饲槽内装有压板微动开关。喂食时，驱动器使螺旋弹簧在输料管中转动，把饲料不断向前推送，饲料通过输料管底部的孔口充满饲槽，当最末端的食槽充满饲料时，饲料推挤压板，触动微动开关，断开电流，使喂食机停止转动。饲料车是移动式喂饲设备，一般用内燃机或拖拉机动力输出轴驱动，料箱底部设有排料螺旋，在行走过程中将饲料送到食槽。设备费用低，且能一机多用。一般适用于大型牛场。

（三）饲槽

由于牛的体力很大，所以饲槽必须坚固。同时，饲槽需经常刷洗，其表面应光滑，不透水，而且耐磨、耐酸。槽底、槽壁宜成圆弧形，以适应牛用舌采食的习性，并使饲料不浪费。食槽一般做成统槽式，其长度和牛舍长度或牛床总宽度相同。食槽的上沿宽度为70～80 cm，底部宽60～70 cm，前沿高约45 cm，后沿高约30 cm。在食槽后沿上设牛栏杆或系牛铁环，自动饮水器可装在栏杆上。在现代化牛舍设计中，食槽常与饲喂通道统筹考虑。有些牛场直接将料投放到饲喂通道上供牛采食。

三、饮水设备

牛场舍内饮水设备包括输送管路和自动饮水器或水槽，也可食槽水槽合一，先食后饮。必要时冬季可以采用温水。在舍饲散养、散栏系统中，很难保证水槽和饮水器不受粪尿和（牛嘴）饲料残留物的污染，因而需要定期对水槽和饮水器进行清洁，并可以通过设计来减小污染程度（表 9-1）。

表 9-1 舍内饮水器及水槽安装高度和数量参考值

项目	体重（kg）						
	100	200	300	400	500	600	700
饮水器安装高度（m）	0.5	0.5	0.6	0.6	0.7	0.7	0.7
每只饮水器服务牛数（头）	10	10	8	8	6	6	6
水槽安装高度（m）	0.4	0.4	0.4	0.4	0.5	0.5	0.5
每米水槽服务牛数（头）	20	17	13	12	11	10	10
安装平台离水槽沿的距离（m）	0.4	0.4	0.4	0.4	0.5	0.5	0.5
安装平台高度（m）	0.15	0.15	0.15	0.2	0.2	0.2	0.2

（一）饮水器

多采用阀门式自动饮水器，它由饮水杯、阀门、顶杆和压板等组成。牛饮水时，触动饮水杯内的压板，推动顶杆将阀门开启，水即通过出水孔流入饮水杯内。舍内拴系饲养，最好能够为每头牛提供一个饮水器，这样如果饮水器受到损坏，牛就可以从相邻牛只的饮水器内喝水。单栏饲养时，每栏应该至少有两个饮水器。饮水器开口面积至少为 0.06 m^2，圆形开口直径约为 30 cm，或采用面积相近的其他开口形式。牛最喜欢开口较大、扁平的饮水器，但饮水器深度应足够使牛在饮水时嘴部浸入 3～4 cm。每个饮水器最小流量为 10 L/min，能够满足设计容量的 20%的牛同时饮水。饮水器可以安装在牛床上或饲料架上。

（二）水槽

在舍饲散养工艺条件下，最好用饮水槽代替饮水器，在散栏饲养工艺下也可用水槽。通常情况下，每一组群的牛应设置 2 个水槽，这样对位次关系较低的牛较为有利。每个水槽应能够容纳 200～300 L 水，最小流量为 10 L/min。如果设计流量为 15～20 L/min，允许容积减小到 100 L，深 0.2～0.3 m。通常将水槽安装在牛床的一端并与牛床隔开，或者是采食通道上；并且要保证牛在饮水时，不影响其他牛从通道通过。

牛随时都要饮水，因此，除舍内饮水外，还必须在运动场边设饮水槽，槽长 3.0～4.0 m，上宽 70 cm，槽底宽 40 cm，槽高 40～70 cm，每 25～40 头牛应设一个饮水槽。

第三节　牛场环境控制

与其他畜舍一样，肉牛的环境是一种综合性的生态环境，包含着许多性质不同的单一环境因子。牛舍会受小气候环境包括温度、光照、湿度、风速等热环境因素，有害气体、灰尘、空气中的微生物等空气质量环境因素，以及声光条件等的影响。对牛场的环境进行调控其目的就是为牛创造良好的生活和生产条件，以保持健康、提高生产力和降低生产成本，充分发挥牛的利用价值，来满足消费者日益增长的优质牛肉需要。

一、牛场的小气候环境控制

（一）温度控制

1. 适宜的温度　牛舍最理想的舍温应该是在动物的等热区和临界温度之间，这时牛的生产力、饲料利用率和抗病能力都较高，牛的生产性能可达到最佳状态，成年牛舍内的适宜温度是 5～21℃，最佳温度范围是 10～15℃；犊牛舍内的适宜温度是 10～24℃，最佳温度是 17℃。正常情况下，舍内垂直温差一般为 2.5～3℃，或距地面每升高 1 m，温差不超过 0.5～1℃。寒冷季节，舍内的水平温差不应超过 3℃（表 9-2）。

表 9-2　肉牛舍内温度及生产环境温度

单位：℃

种类	适宜温度范围	生产环境温度	
		低温（≥）	高温（≤）
犊牛	13～25	5	30～32
育肥牛	4～20	−10	32
育肥阉牛	10～20	−10	30

2. 调控方法 牛舍设计中常用的增温措施包括加大采光面积、利用太阳能加热、空气式太阳能供暖系统的采用、采光天棚的设置、牛舍墙与天棚的保温隔热设计等。在饲养过程中，可采用暖风机、热风炉、地火龙等设施，条件好的牛场也可采用空调机。此外，还可采用挡风、日粮调整、加热饮用水、铺设褥草等措施。牛舍降温一般采用强力通风设备、洒水设备、空调设备等。在饲养过程中，一般采用强力通风、洒水和遮阳等措施来降低温度。此外，还可采用湿帘、饮冷水、日粮调整等措施来降低舍内温度。

（二）湿度控制

1. 适宜湿度 对于牛的生产性能来说，50%～70%的相对湿度是比较适宜的，规定的最高限度是成年牛舍、育成牛舍为85%，犊牛舍、分娩室、公牛舍为75%。

2. 调控方法 牛舍的湿度主要由通风和洒水来调节，可以在牛舍安装通风设备、喷雾设备等来调节舍内的湿度。

（三）光照控制

牛舍适宜的光照能够促进牛的生长发育，增强免疫力，对牛的生理机能也有重要的调节作用。牛舍的采光方法分为两种：一是自然采光，二是人工采光。

1. 自然采光法 牛舍的自然采光是温度调节的重要手段。牛舍的采光系数应在1∶(10～12)。

2. 人工采光法 人工照明不仅适用于无窗牛舍，自然采光牛舍为补充光照和夜间照明也需安装人工照明设备。人工照明的光源主要有白炽灯和荧光灯两种。牛舍内应保持16～18 h/d的光照时间，并且要保证足够的光照强度，白炽灯为30 lx，荧光灯为75 lx。

（四）通风的调节

牛舍通风的主要作用是排除过多的水气、热量、有害气体、尘埃和细菌等。通风量的确定可根据舍内外的温度差、湿度差、换气量及牛只数量来计算。可以在舍内安装通风设备等来调节通风。一般认为，舍内气流速度小于0.05 m/s，说明舍内通风不良；大于0.4 m/s，说明舍内有风。冬季温度较低时，肉牛休息区的风速不应超过0.2～0.5m/s。夏季则应尽量加大气流，以促进机体的散热。一般认为，夏季舍内气流速度大于0.7m/s时，就可以在牛体周围形成较为舒适的感觉。但当风速大于1.5m/s时，对牛体的散热效果已不十分明显。

（五）有害气体、尘埃及微粒的控制

在牛舍设计的时候，应该根据通风及排水系统、清粪方式及设备、粪尿和污水处理设施进行综合考虑；也可通过日粮的合理配置，使用适当的添加剂，及时清除粪尿，保持舍内干燥，合理组织通风换气，使用垫料和吸附剂来改善。对牛舍内的空气中的有害气体的安全量有一定的要求（表9-3）。舍内的粉尘含量应尽可能地低。一般牛舍内少量的粉尘不会对牛生产产生很大影响，但牛场人员8h工作环境要求粉尘浓度低于3mg/m³。

表9-3　牛舍内空气质量要求

气体种类	安全量（μL/m³）
氨气（NH_3）	20
二氧化碳（CO_2）	3 000
硫化氢（H_2S）	0.5

（六）噪声

噪声对牛的生长发育和繁殖性能会产生不利影响。肉牛在较强噪声环境中发育缓慢，繁殖性能不良。一般要求牛舍的噪声水平白天不超过90dB，夜间不超过50dB。

牛舍的环境控制还包括排水及粪尿的清除，垫草的使用，牛舍的消毒及防虫、灭鼠等措施。这些措施也可改善牛舍的卫生环境，提高牛的生产力，预防疾病，从而提高牛的饲养效益。

二、牛场废弃物无害化处理

牛场的废弃物主要包括牛粪尿、污水、尸体及相关组织、垫料、过期兽药、残余疫苗、一次性使用的畜牧兽医器械及其包装物等。这些废弃物中，以

未经处理或处理不当的粪尿及污水最多，且其中含有大量有机物、氮、磷、钾、悬浮物及致病菌等，产生恶臭，造成对地表水、土壤和大气的严重污染，危害极为严重。为推动牛场污染防治工作，促进粪污无害化处理和资源化循环利用，提高标准化规模养殖水平，促进畜牧业健康可持续发展，适应生态文明建设的需要，这里仅对牛场臭气消除、液体污物和固体粪便无害化处理等主推技术做简要介绍。

（一）臭气消除技术

1. 牛场恶臭的主要成分　牛场的恶臭气味源于多种气体，其成分非常复杂，目前发现约有168种臭味化合物，其中30种臭味化合物的阈值$\leqslant 0.001 \text{mg/m}^3$。这些恶臭物质根据其组成可分为：含氮化合物，如氨气、酰胺、胺类、吲哚类等；含硫化合物，如硫化氢、硫醚类、硫醇类等；含氧组成的化合物，如脂肪酸；烃类，如烷烃、烯烃、炔烃、芳香烃等；卤素及其衍生物，如氯气、卤代烃等。由于各种气体常混合在一起，所以很难区分出养殖场的气味到底与哪种特定的气体有关，通常认为牛场的恶臭主要是由氨气、硫化氢、挥发性脂肪酸引起。

2. 牛场除臭的主要方法

（1）化学除臭　将硫酸亚铁撒在牛粪便中，可抑制粪便发酵、分解，减少臭味。过氧化氢、高锰酸钾、硫酸铜、乙酸等具有抑臭作用；用2%苯甲酸或2%乙酸喷洒垫料，或用4%硫酸铜与适量熟石灰混在垫料中铺垫地面，均可降低臭味。用硼酸水溶液喷雾空气可吸收空气中的铵，除去臭味。

（2）物理除臭　木炭、活性炭、煤渣、生石灰等具有很强的吸附作用，把这些具有吸附作用的物质装入网袋悬挂在牛舍内，或撒在地面上，可吸收空气中的臭气。

（3）微生物除臭　这种方法主要是利用微生物把溶解在水中的恶臭物质吸收于微生物自身体内，通过微生物代谢活动使其降解的过程。微生物除臭剂可直接添加，无须增加设备，产品稀释后通过均匀喷洒或雾化，可迅速与异味分子发生化学反应，除臭效果明显。

3. 牛场除臭技术

（1）人工喷撒　除臭物质靠人工进行喷撒，或者人工进行掺混。人工掺混只能小范围进行，劳动量大，除臭的效果并不好。因此，此方法适用于一些小的养殖场，可节省成本。

（2）喷雾装置　对于中型养殖场，有一定的喷雾装置，可以把要喷撒的物质，化成水溶液进行喷雾，由人工控制时间，其除臭效果比人工好很多，能及时净化空气中的臭味。

（3）自动控制　近年来很多智能控制系统都已开发成功，可根据时间、温度、湿度、CO_2 等参数进行控制。通过智能控制可按时按量进行喷撒除臭物质，达到较好的除臭效果。多见于大规模牛场。

（二）液体废弃物的无害化处理技术

沼气工程技术在牛场粪污处理实践中主要采取以下模式：

1. 沼气还田模式　这一模式又称为农牧结合方式，利用粪便污水中养分含量，将牛场产生的废水和粪便无害化处理后施用于农田、果园、菜园、苗木、花卉种植以及牧草地等，实现种养结合。该方式适用于远离城市、土地宽广、周边有足够农田的养殖场。

2. 沼气达标排放模式　即采用工业化处理污水的模式处理肉牛养殖场排放的粪污，该方式的粪污处理系统由预处理、厌氧处理（沼气发酵）、好氧处理、后处理、污泥处理及沼气净化、贮存与利用等部分组成。适用于地处大城市近郊、经济发达、土地紧张地区的规模牛场粪污处理。采用这种模式的一般为大型规模养殖场。

3. 生物质能源利用模式　主要是沼气发电。将厌氧发酵处理产生的沼气用于发电，产生电能和热能。具体过程是将鲜牛粪集中收集后，通过上料系统投入厌氧反应器。畜禽舍冲洗水汇集到集水池后泵入厌氧反应器的前部，在反应器内搅拌装置作用下，形成高浓度的发酵液。粪污经厌氧消化，产生的沼气进入发电系统进行发电。沼渣、沼液经平板滤池过滤脱水，分离的沼渣作为有机肥，沼液进入贮存池作为液态有机肥直接施用于农田或处理达标后排放。沼气发电不仅解决了养殖废弃物的处理问题，而且产生了大量的热能和电能，符合能源再循环利用的环保理念，具有较好的经济效益。

4. 沼气（厌氧）自然处理模式　采用氧化塘处理系统或人工湿地等自然处理系统对厌氧处理出水进行处理。主要利用氧化塘的藻菌共生体系的好氧分解氧化（好氧细菌）、厌氧消化（厌氧细菌）和光合作用（藻类和水生植物），土地处理系统的生物、化学、物理固定与降解作用，以及人工粪污处理主推技

术结合湿地的植物、微生物共同作用对厌氧处理出水进行净化。此法适用于距城市较远、土地宽广、地价较低、有滩涂、荒地、林地或低洼地可做粪污自然生态处理的地区。

（三）固体废弃物无害化处理及资源化利用技术

1. 堆肥处理利用方式　堆肥技术是牛粪无害化处理和资源化利用的重要途径。牛粪中主要以有机质为主，在各种家畜粪尿中，牛粪质地细密，含水量高，通气性差，氮、磷、钾含量相对最低，腐熟缓慢，属冷性粪便，不易起温。因此，对堆肥各项指标要严格把握。

牛粪堆肥需在人工控制水分、碳氮比和通风条件下，通过微生物作用，对固体粪便中的有机物进行降解，使之矿质化、腐殖化和无害化的过程。堆肥过程中的高温不仅可以杀灭粪便中的各种病原微生物和杂草种子，使粪便达到无害化，生成可被植物吸收利用的有效养分，加工成优质、高效的有机复合肥料，施于农田后能够改良土壤结构，提高土壤有机质含量，增强土壤肥力，促进农作物增产。

堆肥处理因具有运行费用低、处理量大、无二次污染等优点而被广泛使用。堆肥分好氧和厌氧堆肥，好氧堆肥是依靠专性和兼性好氧微生物的作用，使有机物降解的生化过程，其分解速度快、周期短、异味少，有机物分解充分；厌氧堆肥是依靠专性和兼性厌氧微生物的作用，使有机物降解的过程，但分解速度慢、发酵周期长，且堆制过程中易产生臭气。目前主要采用好氧堆肥方式进行无害化处理。

（1）堆肥技术的选择　畜禽粪便堆肥技术主要有三大类，条垛式堆肥、槽式堆肥和仓式堆肥，其中条垛堆肥系统中有条垛堆肥和强制通风静态垛堆肥，槽式堆肥有静态和搅拌堆肥，仓式堆肥系统中有搅动固定床式、包裹仓式和旋转仓式等。在选择堆肥方法时要综合考虑投资成本、堆肥效率、占地面积、堆肥产品质量、堆制易操作性、是否受天气影响等因素。在国外，堆肥技术正向机械化、自动化方向发展。但国内的现实情况决定了畜禽粪便堆肥处理需要投资少、运行费用低、操作较方便、易维护、真正适合畜禽粪便特性和环境条件的堆肥工艺和技术。槽式堆肥比露天条垛能节省占地，更能有效地防止二次污染，而堆肥效果则以露天条垛为佳，露天条垛升温至50℃时间比槽式堆肥提前3 d左右。两种方式各有其优缺点，槽式堆肥堆积容量大，但需要改进通气方式提高堆肥效率，露天条垛堆肥效果好，便于机械化翻堆，其他堆肥方式投资相对较大。因此，选择何种堆肥方式，应根据堆肥规模和生产成本综合考虑。

（2）好氧堆肥发酵的条件见表 9-4。

表 9-4　牛粪好氧堆肥发酵的条件

序号	项目	允许范围
1	起始含水率（%）	40%～60%
2	C/N	20∶1～30∶1
3	pH	6.5～8.5
4	发酵温度	55～65℃，且持续时间 5 d 以上，最高温度不高于 75℃
5	氧气浓度	不低于 10%

数据来源：《畜禽养殖业污染治理工程技术规范》（HJ 497—2009）。

（3）发酵条件的控制与调节

①水分调节：好氧堆肥质量和效率直接受堆肥物料水分含量的影响，水分的作用主要为溶解有机物并参与微生物的新陈代谢和调节堆肥温度。一般认为堆肥初始含水量在 50%～60%更利于堆肥成功。当含水量低于 40%时，微生物的代谢活动会受到抑制，堆肥将由好氧向厌氧转化，尤其当含水量低于 15%时，菌体代谢活动会普遍停止；当含水量太高时，超过 70%，物料空隙率低，空气不足，不利于好氧微生物生长，减慢降解速度，延长堆腐时间，并产生 H_2S 等恶臭气体。按重量计，初始堆料的含水率应保持在 50%～65%，过低和过高都会影响发酵过程，而牛粪的含水率一般在 75%～80%，往往需要加入吸湿性强的调节料以降低混合堆料的水分含量。

②发酵温度：堆肥温度的控制就是要保持堆体顺利升温、维持适当温度和温度的下降。不同种类微生物的生长对温度的要求不同，嗜温菌的最适温度范围是 30～40℃，嗜热菌的最适温度范围是 45～60℃，高温堆肥的温度最好控制在 55～65℃，不宜超过 65℃，超过 65℃就会对微生物的生长产生抑制。堆肥化是一个放热过程，若不加以控制，温度可达 75～80℃，温度过高会过度消耗有机质，并降低堆肥产品质量，根据卫生学要求，堆肥至少要达到 55℃并保持 5 d 以上才能保证杀灭堆层中大肠杆菌及病原菌。生产实践中常采用翻堆或强制通风办法控制温度。

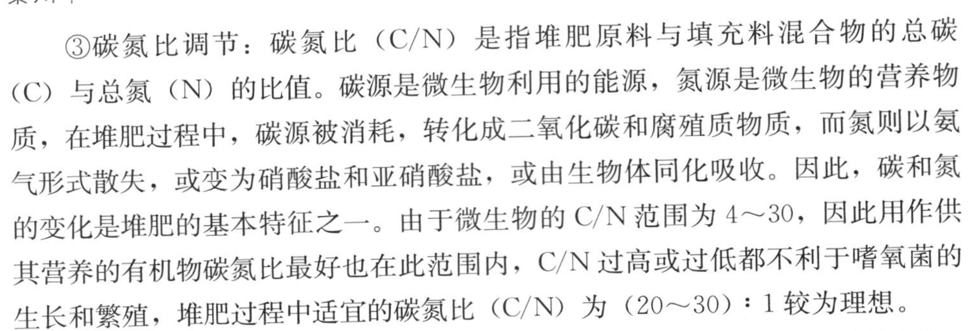

③碳氮比调节：碳氮比（C/N）是指堆肥原料与填充料混合物的总碳（C）与总氮（N）的比值。碳源是微生物利用的能源，氮源是微生物的营养物质，在堆肥过程中，碳源被消耗，转化成二氧化碳和腐殖质物质，而氮则以氨气形式散失，或变为硝酸盐和亚硝酸盐，或由生物体同化吸收。因此，碳和氮的变化是堆肥的基本特征之一。由于微生物的C/N范围为4～30，因此用作供其营养的有机物碳氮比最好也在此范围内，C/N过高或过低都不利于嗜氧菌的生长和繁殖，堆肥过程中适宜的碳氮比（C/N）为（20～30）：1较为理想。

④通风调节：通风的主要作用是提供好氧微生物生长繁殖所必需的氧气，通过供气量的控制，可去除堆料中多余的水分，调节堆体温度，减少恶臭产生。堆料中氧含量为10%时，就可保证微生物代谢的需要。在供氧充分而其他条件也适宜的情况下，微生物迅速分解有机物，产生大量的代谢热，如果不能对多余热量进行控制，温度升高到超过微生物生长的适宜范围，将会抑制有机物的生物降解、延长处理时间，增加设备运行费用，并且产生难闻的气味。可适时采用翻堆方式通风或设有其他机械通风装置换气，调节堆肥物料的氧气浓度和散热，同时应注意堆体堆积要松紧适度，保持物料间有一定的空隙以利通气。

⑤pH调节：pH是微生物生长的重要因素之一，一般堆肥中微生物最适宜的pH是中性或弱碱性，pH太高或太低都会使堆肥处理遇到困难。因此，pH可以作为评价堆肥腐熟程度的一个指标，堆肥原料或发酵初期，pH为弱酸到中性，一般为6.5～7.5，腐熟的堆肥一般呈弱碱性，pH在8～9。但是pH亦受堆肥原料和条件的影响，只能作为堆肥腐熟的一个必要条件，而不是充分条件。在实际生产中，如果原料pH过低，为了调节原料的pH为6.5，可向每吨堆料中加入0.6～6.1kg消石灰或0.8～8.5kg的碳酸钙；相反，如果pH过高，可加入新鲜绿肥或青草，它们分解产生有机酸，可以调节pH至合适水平。一般情况下，堆体有足够的缓冲作用，使pH稳定在可以保证好氧分解的酸碱度水平。

⑥堆肥产物的质量评判

A. 物理评判标准。牛粪发酵腐熟后，堆体体积减小1/3～1/2，发酵温度降低到40℃以下，发酵产物团粒疏松，质地均匀，颜色呈深褐色，无臭味，有较明显的腐殖气息，不吸引蚊蝇，放置1～2d后表面有白色或灰色的霉菌出现。

B. 化学评判标准。发酵产物的pH在7.0～8.5，碳氮比（C/N）不大于20：1；腐熟度应大于等于Ⅳ级；氮、磷、钾总有效养分≥5.0%，有机质≥

45%，水分≤30%；符合 GB 7959 中关于粪便无害化卫生要求规定，蛔虫卵死亡率 95%～100%，粪大肠杆菌值 1/10～1/100，有效控制苍蝇滋生，堆肥周围没有活的蛆、蛹或新羽化的成蝇。

C. 生物评判标准。植物种子发芽指数（GI）是判断堆肥的植物毒性和腐熟度最具说服力的参数之一。一般种子发芽率 GI≥50%表示有机肥基本腐熟，GI≥85%以上表示已经完全腐熟。

2. 蚯蚓处理利用方式　环境温度 4～28℃，pH 为 6.5～7.5 生长良好。它可以加速土壤结构的形成，在土壤中微生物的协同作用下，蚯蚓促进有机物质的分解转化和 C、N 循环，促进土肥相融，提高蓄水、保肥能力。蚯蚓堆肥技术是利用蚯蚓与微生物的作用将废弃的有机物转化为有益的腐殖质。它不包括嗜热阶段，因超过 35℃蚯蚓会死亡。在此过程中蚯蚓集翻堆、破碎和通气三种作用于一身。蚯蚓的活动使病原菌数量大为减少。蚯蚓堆肥处理牛粪与自然堆制的腐熟牛粪相比，矿质氮和速效钾要高于腐熟牛粪，但速效磷无明显差异；微生物量、碳氮和酶活性均明显高于自然腐熟牛粪；细菌、真菌和放线菌的数目也高于自然腐熟牛粪，但波动较大。进行蚯蚓堆肥时，当有机物体积较大时需将有机物粉碎，以利于蚯蚓吞食。堆肥高度不要求高，因此可省去普通堆肥为维持堆肥高度所用的机械设备。蚯蚓本身也可作饲料、提取药物或作高蛋白食品，有饲养价值。

但蚯蚓堆肥和饲养蚯蚓不同，蚯蚓堆肥的目的是处理有机废弃物，将垃圾变废为宝，实现可持续发展。而饲养蚯蚓则是用挑选的有机物进行人工养殖，目的是获得蚯蚓和蚓粪。养殖蚯蚓可以带来经济效益，同样，蚯蚓堆肥具有经济、环境和社会的意义。

（1）蚯蚓堆肥的成分　蚯蚓堆肥中的成分与所用的有机物质等原料有关。利用蚯蚓活动进行堆肥，到 20～30 d，堆肥中即含有 40%～50%的腐殖质，还有许多简单的有机质。其价值不仅在于类似普通堆肥和有机肥那样提供养分，更在于其含有较多的腐殖质和有机质，具有促进植物生长的性能，还可改良和稳定土壤结构。蚯蚓堆肥中的养分有氮、磷、钾、钙、镁、锌、铜、锰、铁等。蚯蚓堆肥比任何一种商业化学肥料要好。虽然蚓粪的某一营养元素的含量没有化肥高，但蚯蚓堆肥中微生物活性高，经蚯蚓消化排出的蚓粪，微生物活性比土壤和有机物中高 10～20 倍，且蚓粪中各种植物营养成分均衡，更易于植物生长。用蚯蚓处理有机垃圾，将其变为营养丰富的肥料，节省了垃圾填

埋场的空间，是植物和草坪的好肥料。蚯蚓堆肥产物可分为三种：有机肥料、土壤调理剂和观赏植物的生物介质。蚓粪无臭味，内含许多微生物，可作成除臭剂脱除 H_2S、CS_2 等气体。成品蚯蚓可做禽畜的饲料、鱼的饵料等。

（2）蚯蚓堆肥方法

①蚯蚓品种选择：成功地进行蚯蚓堆肥，选择蚯蚓品种很重要。好的品种应具有如下特点：能吞食大量有机质，适应人的干扰和物理化学及其他环境因素的变化，产卵率高，生命周期短。常用的品种有大平 2 号及爱胜蚯蚓等。

②基床与基质：基床为适宜虫体稳定生长的任何材料，一般具有良好的吸水性、膨胀潜质及高碳氮比，如龙糠、木屑等。基质为供虫体生长代谢的食物源，如需降解处理的有机质废弃物：蚯蚓可摄食动物粪便、城市垃圾及多种工业固废；而目前研究应用较多的供蝇蛆降解的基质主要集中于禽畜养殖粪便。

③湿度与需氧量：充足的水分能保证降解体系内虫体和微生物活性，并充当化学反应与元素转化的介质。蚯蚓堆肥的理想湿度为 60%～70%，体系内过多的水分将造成厌氧环境，削弱降解过程或致死虫体，故可在基质表层覆盖稻草秸秆防止水分过分蒸发，使体系维持在理想湿度范围内，另外油脂类底物的添加也将降低体系氧含量，故未经过预堆肥处理的油脂类废弃物不可直接添加在基质中。为改变体系缺氧环境，如当基质氧化还原电位低于 160 mV 时，可适当通过机械或人工手段曝气维持虫体正常生理活性。

④蚯蚓堆肥的温度要求：蚯蚓堆肥限制温度不能超过 35℃。超过该温度，即使时间短，蚯蚓也会死亡。避免过热需小心管理。蚯蚓通常在表层相对较窄的区域活动（15～22 cm）。蚯蚓堆肥的关键是床层表面增加较薄的有机物，蚯蚓喜欢新鲜食物，于是蚯蚓钻到表层，即使下层床温升高，表层也不会过热。一般来讲，每天加 2.5～5 cm 足够。几种废物混合使用比用一种材料更易维持好氧条件，且堆肥产物好。牛粪适合蚯蚓堆肥。蚯蚓堆肥受化学和环境条件限制。蚯蚓对某些化学物质如游离氨、盐敏感。当介质中游离氨超过 0.5 mg/L，盐含量大于 0.5%时蚯蚓会死亡。冲洗或先堆肥预处理可使游离氨和盐扩散。蚯蚓堆肥将有机废物变成有用的、细的植物生长介质，其具有好的孔隙透气性，固水能力好，富含植物生长需要的营养素，腐殖酸含量高，可能存在有益于植物生长的激素，提高了土壤酶的水平和微生物的活性。

⑤虫体接种密度：幼虫的接种密度直接影响虫体呼吸率、繁殖率及生理活性，继而影响废弃物处理效率。堆肥系统中，蚯蚓最佳接种密度为 1.60 kg/m^2，每千

克蚯蚓日摄食量约为0.75 kg（基质）。一定范围内，基质处理效率与幼虫接种密度成正比，但因卵茧孵化生成的成虫重量与其可摄食的基质重量呈线性关系并以对数函数增长，故当基质中投加过量幼虫时，每只卵茧因摄食不足导致孵化生成的成虫生物量降低，继而影响虫体代谢强度而降低处理效率。

⑥其他影响参数：除上述参数外，pH同样影响堆肥过程。pH在5.5～8.5有利于维持虫体及微生物活性，最适pH接近中性或弱碱性（7.5～8.0）。此外有机废弃物的前处理、盐浓度、害虫疾病及有毒成分均能对虫体的生长、代谢及繁殖造成不同程度的影响而导致降解进程滞后或终止。

⑦分离蚯蚓

A. 光分离法。利用了蚯蚓的负趋光性，在强灯光照射下，蚯蚓不断向黑暗环境逃逸实现分离。此方法用于中小型半自动化设备的分离效果显著。蚯蚓对红光的敏感性较低，故红光大多用于夜间人工捕捉蚯蚓时的照明。光分离方法简单易行、能耗低，光分离筛选装置原理是通过灯光照射促使蚯蚓移向养殖基料深层后，结合机械手段分离出蚯蚓粪等产品。但由于分离基料的不透光性，此方法只适用于室内浅层饲养。利用上部强光照射养殖基料，蚯蚓向下运动，然后使用滚动刮片平整刮去分离槽表面的蚯蚓粪与养殖基料的混合物，每次分离表面厚度10 mm的蚯蚓粪，最后剩余的全是蚯蚓。

B. 声波分离法。农业生产中常用声波的方法进行驱虫，土壤生物能够听到特定频率下的声波。声波分离利用了声音对蚯蚓进行的驱逐或者诱引。

C. 饵料诱捕法。诱捕法是目前蚯蚓分离最常用的方法，此方法利用蚯蚓饵料引诱蚯蚓，使其爬向新鲜饵料达到蚯蚓和蚯蚓粪分离的目的。由于饲养空间的限制，诱捕法在我国主要应用于地面养殖。在地面养殖中通过改变蚯蚓所在基料的水分或者停止加料，使得蚯蚓爬向其他基料，能够达到的分离效果。诱捕法的分离效率受到较多因素的影响，因此分离效果难以保证。

条垛养殖中，养殖者常在蚯蚓养殖基料边缘添加新鲜饵料引诱蚯蚓，1～2 d之后蚯蚓会大量聚集于新鲜饵料中，此时对蚯蚓进行人工分离。叠层蚯蚓生物反应器中，蚯蚓饲养于上层，下层加料，由于上层饵料消耗完毕，迫使蚯蚓通过底盘小孔移动到下层饵料，实现上下层蚯蚓和蚯蚓粪的分离。按照叠层单元划分，加入环境调控设备辅助之后的蚯蚓反应器，蚯蚓上下层分离效果更为显著。

3. 水产养殖利用方式　由于饲料在牛体内被微生物降解程度高，因此，牛粪对水中氧气的消耗比其他畜禽粪便低。鱼塘施牛粪，鱼塘缺氧浮头现象

少。牛粪养鱼时不需要发酵，用新鲜粪肥更好。投放次数和量要根据天气、水色、鱼类生长和浮头情况灵活把握。但牛粪中抗生素、饲料添加剂、激素残留问题也需予以高度重视。

一般对牛粪采用以下四种方法处理，然后与其他饲料成分一起，根据鱼类的营养需要配制成颗粒饲料。

（1）干燥处理法

①自然干燥：将鲜粪放在干净的水泥地面上利用阳光晒干，然后粉碎过筛，水分降至10%以下即可贮存利用。

②机械干燥：利用干燥机和搅拌机将鲜粪在一定温度下烘干。常用温度70～105℃（12 h），使含水量降至13%以下。还可进行高温快速烘干，在干燥机内700～800℃高温中经10 min处理。此法快速，灭菌彻底，但养分损失大，成本高。一般来说，干燥处理的畜禽粪便营养价值较低，粪便粗蛋白中含有较多的鱼类不能直接利用的非蛋白氮，而且粗纤维含量较高，因而使用效果较差。

（2）热喷处理法　此法用于牛粪的处理。将牛粪置于压力罐中，施以高温、高压，然后于瞬间喷放。这一过程使牛粪及其杂质经“热效应”和“机械效应”，即在热力、压力、胀力和摩擦力的相互作用下，发生膨化、解体和降解，其表面形态、内部结构及成分组合都发生了较大变化，同时达到了灭菌、除臭、杀虫卵、去毒的效果，使牛粪用作饲料从适口性、消化率及营养效果都得到了改善，提高了饲料价值，成为含有高蛋白和大量矿物元素的“无毒级”饲料。

（3）发酵处理法　将牛粪便单独或添加其他成分置于密闭容器中，经一定阶段，使其性状发生改变，增加适口性，提高营养价值。其原理是在人为控制的环境下促进好气性细菌的繁殖，从粪便中分解出氨、硫化氢等臭气味，并在氧化分解过程中改变物料性质和颜色，同时，此过程中一定程度的高温可杀死部分细菌和寄生虫。

4. 牛床垫料利用方式　将牛场的粪污经固液分离，固体牛粪再经堆积发酵或条垛发酵无害化处理后作为卧床垫料，既解决了牛床垫料的来源问题，又开拓了牛粪的利用渠道，一举多得。牛粪作为牛床垫料与其他常用垫料相比具有明显的比较优势。一是与稻壳、木屑、锯末、秸秆等垫料材料相比，牛粪不需要从市场购买，不受市场控制；二是与橡胶垫料比，不仅成本低，且其舒适性、安全性较好；三是与沙子比，不会造成清粪设备、固液分离机械、泵和筛分器等严重磨损，在输送过程中不易堵塞管路，不会沉积于贮液池底部，不需要经常清理；四是与沙土比，牛粪松软不结块，不容易导致牛膝盖、腿部受伤，且有利于后续的污粪处理。牛粪作为牛床垫料既卫生又安全，具有保障牛健康，提高牛卧床舒适度，减少肢蹄疾病，易于粪污处理的特点，经济、生态、社会效益显著，在美国、加拿大应用很普遍。

5. 食用菌培养的利用方式　利用牛粪栽培蘑菇技术的推广应用，给广大农民带来了显著的经济效益。近年来，一些乡村利用牛粪和秸秆做培养料，大面积发展双孢菇生产取得了显著的效益。

（1）蘑菇生产的牛粪处理方法　牛粪通过与石灰粉、锯末等秸秆粉碎等混合发酵，转化成种植蘑菇必需的有机肥料。其主要方法为：选未变质的锯末，过筛后在阳光下曝晒 2～3 d，晒时要摊匀、晒透，然后打碎贮存备用。将牛粪、锯末，按体积比 1∶1 的比例混合，同时，加入牛粪和锯末总重量 0.3%的碳酸氢铵、2%的磷酸二氢钾、约 2%的生石灰（生石灰的加入量，根据其质量而定，要求混合均匀后，pH 为 7.5～8）、2%的轻质碳酸钙。混合均匀后加水，使水分含量达 68%～70%。然后建高 1 m、宽 1.2 m，长度不限的料堆。建好堆后插入温度计，当温度上升到 75℃左右时进行第一次翻堆（时间约为 10 d）。每次翻堆前，给料堆表面喷少量的石灰水，在发酵过程中，若发现料堆的中下部有变黑的趋势，可用木棍适当打孔通气。一般翻堆 4～5 次，时间间隔为 10、9、8、7 d。若时间来不及，可翻堆 3 次。发酵完后晒干备用。

发酵过程中出现的问题与处理办法：料堆不升温或升温缓慢，锯末发酵不如秸秆升温快，若发现升温较慢，可适当加入碳酸氢铵，调节碳氮比，促其升温，若温度能升到 60℃以上，则不必调节。料堆中下部变成黑褐色，有异味，这种现象是由缺氧引起的，原因是料堆堆得过大或过实，应抓紧翻堆，翻堆后打孔通气。

（2）双孢菇生产的牛粪处理方法　一般每 100 m^2 菇床需用新鲜干麦秸 1 250～1 500 kg，干牛粪 400～600 kg，过磷酸钙 50 kg，尿素 15 kg，石膏粉和生石灰粉各 25 kg，堆制发酵。堆制时间一般掌握在 8 月上旬为宜。其具体方法为：

①堆制：预堆：先将麦秸用清水充分浸湿后捞出，堆成一个宽 2～2.5 m、高 1.3～1.5 m、长度不限的大堆，预堆 2～3 d。同时将牛粪加入适量的水调湿后碾碎堆起备用。建堆：先在料场上铺一层厚 15～20 cm、宽 1.8～2 m、长度

不限的麦秸，然后撒上一层 3～4 cm 厚的牛粪，再按上述的准备量按比例撒入磷肥和尿素，依次逐层堆高到 1.3～1.5 m。但从第二层开始要适量加水，而且每层麦秸铺上后均要踏实。翻堆：翻堆一般应进行 4 次。在建堆后 6～7 d 进行第一次翻堆，同时加入石膏粉和石灰粉。此后每隔 5～6 d、4～5 d、3～4 d 各翻堆一次。每次翻堆应注意上下、里外对调位置，堆起后要加盖草帘或塑料膜，防止料堆直接受日晒、雨淋。

堆制全过程大约需 25 d。发酵应达到如下标准：培养料的水分控制在65%～70%（手紧握麦秸有水滴浸出而不下落），外观呈深咖啡色，无粪臭和氨气味，麦秸平扁柔软易折断，草粪混合均匀，松散，细碎，无结块。

②进棚播种：先在棚内菇床上铺一层 3 cm 厚的新鲜麦秸，再将发酵好的培养料均匀地铺到菇床上，料层厚 15～20 cm。然后按每立方米空间用高锰酸钾 10 g 加 20 mL 甲醛熏蒸消毒，24 h 后打开门窗通风换气。当料温降到 28℃以下时即可播种，每平方米用 500 mL 瓶装的自制量菌种一瓶。将菌种均匀地撒在料面上，轻轻压实打平，使菌种沉入料内 2 cm 左右为宜。

③播后覆土：播种后 3 d 内适当关闭门窗，保持空气湿度在 80%左右，以促使菌种萌发。注意棚内温度不能超过 30℃，否则应在夜间适当通风降温。播种后 15 d 左右，当菌丝基本长满料层时进行覆土。覆土方法：选择吸水性好，具有团粒结构、孔隙多、湿不粘、干不散的土壤为佳，每 100 m^2 菇床约需 2.5 m^3 的土，土内拌入占总量 1.5%～2%的石灰粉，然后再用 5%的甲醛水溶液将土湿透。待土壤手抓不粘、抓起成团、落地就散时进行覆盖，覆土厚度为 2.5～3.5 cm。

④覆土后的管理：覆土后调节水分，使土层含水量保持在 20%左右。覆土后的空间湿度应保持在 80%～90%，温度在 13～20℃（最佳温度为 15～18℃）。应视土层干湿状况适时喷水，严格控制温、湿度是双孢菇优质高产的关键。

⑤适时采收：当双孢菇长到直径 2～4 cm 时应及时采收，若采收过晚会使品质变劣，并且抑制下批小菇的生长。采摘时，用手指捏住菇盖，轻轻转动采下，用小刀切去带泥根部，注意切口要平整。

（贾存灵、林清、薛明、徐杨）

第十章
开发利用与品牌建设

第一节　品种资源开发利用现状

一、秦川牛主要开发利用途径

秦川牛是中国五大良种黄牛品种之一，具有优良的肉用品质。秦川牛在保护地方资源的基础上进行了合理的开发利用。近年来，陕西省充分发挥秦川牛良种资源优势，把秦川牛产业开发作为畜牧业发展的优势特色产业。目前，陕西省肉牛业已进入以秦川牛为主的肉用选育改良和商品肉牛生产时期，在秦川牛保种县以秦川牛本品种选育提高为主，非保种县则采用引进品种（如安格斯牛、利木赞牛、黑毛和牛等）进行人工授精杂交改良。个别偏远山区仍有采用秦川牛本交配种的现象。

秦川牛商业化开始于20世纪90年代初，随着黄牛在农事耕作中作为主要役用畜力地位的削弱和城乡人民生活水平的提高，以及牛肉消费需要的增加，全省牛存栏稳定增加。1990年存栏量为131.3万头，出栏数已上升到17.2万头，为年底存栏数的13.1%（表10-1）。1998年9月，陕西省农业厅在扶风兴建全省第一个秦川牛养殖开发示范小区，标志着陕西省秦川牛开发已从宣传动员阶段转入全面实施阶段。西北农业大学邱怀教授牵头完成的“秦川牛本品种选育及其导血改良效果研究”成果的形成和推广在此阶段发挥了重要作用。该成果分获陕西省科技进步奖一等奖（1993年）和国家科技进步奖三等奖（1995年）。

2001年以来，陕西各地政府机构、企业认真贯彻实施省委、省政府《关于加快畜牧产业建设的决定》精神，加快结构调整、基地建设、品种改良、疾病防治、技术推广和服务体系建设等各项工作的步伐，使陕西秦川牛产业得到长足发展。2001 年陕西秦川牛存栏数达 146 万头，年出栏 36 万头。期间，围绕秦川牛选育保种，国家财政投资 250 万元，进行了秦川牛原种场扩建工程建设，投资 500 多万元进行了省家畜改良站的改扩建，投资 200 万元用于建设省秦川肉牛良种繁育中心，并在全省秦川牛产区配套建成了 5 个区域性供精中心和 600 多个基层配种站点，基本形成了秦川牛良种繁育体系，秦川牛生产区由关中平原向渭北及浅山区转移，秦川牛基地县从 1997 年的 20 个增至 54 个，形成以关中、渭北为主的秦川牛养殖带。从 2006 年后半年起，牛肉价格突飞猛涨，市场货源极其短缺，导致活牛价格从每千克 7～8 元一路攀升至最高的 15 元。不久，我国东部地区陷入无牛可宰的窘况，大量屠宰企业将目光盯在了西部地区，巨大的利益驱动使得屠刀残忍地降落在基础母牛的头上，产业基础遭受毁灭性打击。秦川牛产业最让人难以理解的悖论是，一方面牛价高，另一方面农民养殖积极性不高，其根本原因在于大量的产业利润不在养牛的农民手中。2010 年，秦川牛存栏量降至 107 万头左右，出栏量达到 50 万头以上。

表 10-1　陕西省不同年份秦川牛数量

年份	存栏量（万头）	出栏量（万头）
1957	84.1	—
1965	35.0	—
1975	39.0	—
1980	43.0	2.2
1990	131.3	17.2
2001	146.0	36.0
2010	107.0	52.2
2018	122.3	65.1

为了支持肉牛产业发展，陕西省农业厅从 2005 年开始，每年安排 200 万元支持陕西省秦川肉牛良种繁育中心、陕西省秦川牛业有限公司与西北农林科技大学联合开展秦川牛肉用本品种选育和秦川肉牛新品系培育工作；2008 年起，每年安排 300 万元支持陕西秦宝牧业发展有限公司与西北农林科技大学合作开展秦川牛杂交改良工作，促进秦川牛生产由传统庭院式养殖向适度规模养殖和集约化经营转变，加速了秦川牛杂交改良和产业化开发，从而保证了秦川

牛选育改良、秦川肉牛育种及其产业快速发展，陕西肉牛业进入以秦川牛为主的肉用选育改良和商品生产时期，有力地促进了秦川肉牛育种和“秦宝”模式的推广。2018 年，陕西省肉牛存栏约 120 万头，出栏量高达 65.1 万头，但基础母牛和后备牛存栏减少趋势非常明显。

西北农林科技大学牵头开展的秦川肉牛新品系选育、杂交改良及产业化开发工作，得到了国家科技部、农业部及陕西省科技厅、农业厅的大力支持，在以往工作的基础上，通过对秦川牛生长发育性能、繁殖性能、饲料营养等方面数据的分析，结合秦川牛的生产、育种、市场条件和未来的发展趋势，确定了秦川牛的育种目标性状，将传统的常规育种手段与分子细胞工程等现代生物技术以及计算机技术结合起来，建立和完善了秦川肉牛开放式核心群育种体系和 MOET（Multiple Ovulation and Embryo Transfer）繁育体系，培育出了日增重达 0.9 kg 以上、适龄屠宰时体重达 500～600 kg 的秦川肉牛新品系 1 个，核心群规模达 500 头以上，育种群达到 1 500 头以上。形成的“秦川牛优质高效产业化配套技术体系研究与示范”成果获 2005 年陕西省科学技术奖一等奖。

2007 年，农业部批准西北农林科技大学组建成立“国家肉牛改良中心”，秦川肉牛新品系选育工作得到进一步加强，通过统筹多方科技资源和加强产学研合作，采用分子细胞工程育种技术，强化了早期选种和良种快速扩繁工作。研究建立了秦川肉牛分子标记辅助育种技术体系和基于 B/S 模式的肉牛选育评估系统，筛选出 15 个基因的 20 个单核苷酸多态性（Single Nucleotide Polymorphism，SNP）与秦川牛生长及胴体性状显著相关，其中，*A-FABP* 等 4 个基因已应用于秦川肉牛早期选种，缩短了世代间隔，加速了选育进程。通过引进国外肉牛品种对秦川牛进行二元、三元杂交改良，不断提高其生长发育速度、产肉性能和肉脂品质，筛选出 3 个优势杂交组合。在前期研究工作基础上，秦川牛肉用本品种选育和杂交改良工作取得重大突破，形成的“秦川肉牛新品系选育及杂交改良关键技术研究与产业化示范”成果荣获 2011 年陕西省科学技术奖一等奖。

秦川肉牛新品系在体高、体长、胸围及坐骨端宽等体尺指数方面均有较大幅度的提高，生长速度明显加快，各部位发育匀称，是理想的肉用体型。同时牛肉品质也有较大程度的改善，如肌纤维和肌原纤维变细，肌外膜变薄，提高了牛肉的嫩度。创建了“政府引导、专家指导、企业主导、市场化运作”的宝鸡市秦川牛专家大院模式和"以品种选育改良为先导、以养殖大户繁育为支撑、以公司育肥为主体、以全产业链开发为目标"的秦川牛肉牛产业化开发模式，并探索出了"公司＋专家＋农户""公司＋协会＋农户"的技术推广模式，以及"注入式""链接式""捆绑式"产学研合作模式，培育了一批产业化龙头企业及示范小区。

在龙头企业的示范带动下，秦川牛肉用产业化开发已由陕西关中地区辐射整个西北地区，新疆、福建等地也开始规模化引进秦川肉牛良种，开展种群扩繁和杂交改良，带动了当地肉牛产业的快速发展。秦川肉牛新品系的培育、优势杂交组合的筛选及其配套技术的应用推广，有力地促进了陕西及其毗邻地区肉牛产业优化升级和行业科技进步；对缩短我国与国际肉牛育种工作差距，增强我国肉牛种业国际竞争力，保障优质牛肉供给，促进农业产业结构调整和农民增收，发挥了引领示范和支撑带动作用。

二、秦川牛主要产品产销现状

秦川牛的贸易以活牛和冻牛肉为主。目前，秦川牛不仅活牛推广到全国20多个省（自治区、直辖市），更是大陆供港活牛的首选品种。2006年，陕西冷鲜牛肉首次走出国门，出口中东地区，也有少量冻牛肉曾经出口到俄罗斯、科威特等国。菲律宾、以色列、中国台湾、伊朗等地对秦川肉牛肉质十分满意，牛肉需求量每年4万～5万t。2004年9月，西安兆龙公司16.2t秦川牛牛肉罐头出口韩国，开辟了陕西秦川牛产品出口的新渠道，向韩国出口牛肉罐头每年大约为10t。

以陕西秦宝牧业发展有限公司、陕西秦川牛业有限公司、西安兆龙食品有限公司等产业化龙头企业为示范基地，改进了传统的牛肉加工工艺，实现了产业集群和全产业链开发，开发了"秦宝""乡党""兆龙"等系列优质牛肉产品，远销海外，提升了这些龙头企业的核心竞争力和产品知名度，拉动了产业发展。

特别是2004年8月成立的陕西秦宝牧业股份有限公司是集秦川牛良种繁育、杂交改良、标准化育肥、规模化屠宰加工及餐饮连锁为一体的现代化龙头企业。公司现已建成年屠宰10万头的肉牛屠宰、分割冷却排酸加工生产线和健全的产品生产全程质量安全溯源体系。目前，秦宝已形成以西安本地市场餐饮连锁形象店及生物制品开发为辅助，内销为基础，外销为导向的大营销体系。其生产的百余种冷鲜、冷冻和熟食产品以西安市场为核心，远销国内外，除了畅销北京、上海、广州、武汉、成都等大城市之外，还出口我国香港、科威特、约旦、黎巴嫩、埃及等地。秦宝牧业已成为国内肉牛行业品牌知名度高、市场覆盖面广、产品种类丰富、产业链完整的中高档牛肉领军企业。

三、秦川牛每年销售的数量、销售地区

陕西省自从 20 世纪 70 年代末开始向港澳地区出口秦川牛。近三十年间已出口 6 万头以上，创汇 4 000 多万美元，对促进陕西经济发展起到了重要作用。近 30 年来，陕西秦川牛出口的主要产品为活牛，活牛出口几乎全部是向我国香港市场提供的。20 世纪 90 年代初，我国曾与独联体国家做过秦川牛出口的易货贸易，后来因各种原因中止了。2005 年上半年，陕西锐丰公司向澳门提供了 300 头活牛，开辟了陕西秦川牛出口澳门市场的新渠道。

早在 20 世纪 60 年代初，为了解决鲜活冷冻商品到香港、澳门的运输问题，国家开通了“三趟快车”。从 20 年代 70 年代开始，陕西秦川牛搭乘“三趟快车”进入港、澳市场。起初是由对外贸易企业向农户收购膘情、重量符合标准的牛，经产地县农牧部门检疫后直接运至深圳口岸，经深圳口岸检疫合格后进入香港市场。陕西秦川牛从 1978 年进入香港市场。1978—1999 年，平均每年分配给陕西省的配额为 1 000～2 000 头，加上其他省的配额在陕组织活牛货源，每年总共有 3 000 头左右的秦川牛供港。从 2000 年开始实行产地集中育肥和隔离检疫，然后运往深圳口岸，检疫合格后再进入香港市场。陕西秦川牛供港活牛总量逐年递增，1999 年为 8 000 头，2002 年为 12 000 头，2003 年为 13 000 头。这些数额不全是从陕西供港的，也包括从其他省份供港的秦川牛。其中，陕西 2001 年 4 547 头，2003 年 2 169 头，2003 年 3 493 头，2004 年 5 303 头。截至 2016 年陕西累计供港活牛 6 000 余批次、10 万余头，2014 年，内地供港秦川牛 6 173 头，同比增长 8.1%，但与 2010、2011、2012 三个年度相比，分别减少 14.9%、17.9%和 11.2%，主要是内地牛肉需求量增加且价格逐年攀升，导致供港优势逐渐下降。2016 年陕西供港活牛 5 067 头，货值 1 621 万美元，单个出境货值突破亿元人民币，数量和货值再居全国第一。

四、秦川牛特有的用途

早在 1984 年，北京建国饭店、长城饭店、中日友好餐厅聘请高级厨师烹

调，并邀请著名专家品尝，均认为秦川牛的肉质超过同宰的几头西方牛，完全可以取代进口牛肉。由于其上述诸多内在优势，秦川牛多年来深受香港市场欢迎，在供港活牛市场中占据重要地位，是香港市民“涮火锅”常用高端食材。对于供货商和销售商而言，销售秦川牛“卖价好”，因此秦川牛也是行业青睐的商品。

秦川牛具有独特的遗传基因，肉质细嫩可口，瘦肉大理石花纹1级占到75%以上，经排酸处理剪切值可降低45%以上，超过进口牛肉，而且肌纤维比国外牛肉细、密度大，肌肉干物质、总氨基酸和肌苷酸含量均高。在良好的饲养条件下，经过选育的秦川牛的屠宰率和净肉率分别为60%～65%和50%～54%，高于国内其他黄牛品种，与国外肉牛品种相当。

秦川牛经过长期选育，适应性强，耐粗饲，能够利用农作物秸秆等粗饲草资源，可降低饲料成本。目前，关中地区农户用麦草、麸皮和少量玉米的饲喂方式，保持了秦川牛肉质的独特风味，也是生产高档优质牛肉育肥后期的饲喂方式，在此饲养条件下秦川牛仍能保持正常的繁殖和生长发育。同时秦川牛几乎不发生牛瘟和结核疾病，对牛瘟、结核等疾病的抵抗力高于欧美品种，对焦虫病的抵抗力也远高于引进品种，且较耐热耐寒，其独特的适应性和抗逆性正是当今世界肉牛育种所追求的重要目标。

第二节　主要产品加工工艺及营销

一、秦川牛屠宰工艺、屠宰率的计算、产品分割

（一）秦川牛屠宰工艺

1. 工艺流程　育肥待宰→待宰活牛→击晕→宰杀→放血→电刺激→预剥头皮→去前蹄→去后蹄→转挂→预剥腿、胸、腹皮→机器扯皮→去头→剖腹去胃、肠→去心、肺、肝→胴体电刺激→胴体劈半→检验盖章→冲洗→入冷冻间。

2. 关键操作

放血：在颈下沿喉头部割开放血。

去头：剥皮后沿头骨后端和第一颈椎切断。

去前肢：由前臂骨和腕骨间的腕关节处切断。

去后肢：由胫骨和跗骨间的跗关节处切断。

去尾：在尾根部第一至第二根尾椎骨之间切断。

剥离内脏：沿腹部正中线切开，纵向锯断胸骨和骨盆骨，切除肛门和外阴部，分离连接体壁的横膈膜，除肾脏和肾脂肪保留外，其他内脏全部取出。切除阴茎、睾丸和乳房。

（二）秦川牛屠宰率的计算

1. 测量项目

宰前活重：绝食 24 h 后屠宰前的实际体重。

宰后体重：屠宰后血已放尽的屠体重量。

血重：放出的血的实测重。

皮重：剥下的皮的实测重。

头重：带皮的头的实测重。

尾重：割下的尾的实测重。

蹄重：分前两蹄、后两蹄实测重。

消化器官重：食管、胃、小肠、大肠、直肠的重量（无内容物）。

其他内脏重：心、肝、肺、脾、肾、胰、气管、横膈膜、胆囊（包括胆汁）、膀胱（空）的重量。

胴体脂肪：肾脂肪、盆腔脂肪、腹膜脂肪、胸膜脂肪的重量。

非胴体脂肪：网膜脂肪、肠系膜脂肪、胸腔脂肪、生殖器官脂肪的重量。

生殖器官重：实测重。

胴体重：实测重。牛屠体除去皮、头、尾、内脏（不包括肾脏和肾脂肪）、腕、跗关节以下的四肢、生殖器官及其周围脂肪，称为胴体。胴体需要冷却 4～6 h（0～4℃内，以完全冷却为止；在严寒条件下，防止胴体冻结）之后，才能进行胴体外观和肉质评定以及按部位测量。

净肉重：胴体剔骨后的全部肉重（包括肾脏和肾脂肪），要求骨上带肉不超过 2～3 kg。

骨重：实测重。

2. 公式计算

屠宰率=(胴体重/宰前活重)×100%

净肉率=(净肉重/宰前活重)×100%

胴体产肉率=(净肉重/胴体重)×100%

肉骨比＝净肉重/骨重

（三）秦川牛胴体分割

为了加速秦川牛产业化开发工作，提高肉品质量和养牛业的经济效益，西北农林科技大学参考美国、日本和我国国内及港澳地区牛肉分割标准，并结合本校近年来开展的秦川牛屠宰分割试验结果，特制定《秦川牛胴体生产与分割技术规范》。该规范适用于秦川牛以及含有秦川牛血统的杂种肉牛，以生产符合国际牛肉市场（尤其对港澳出口）以及国内涉外饭店、高档宾馆要求的高中档牛肉。规范共分为四部分。

1. 品质与卫生条件规范

（1）用于胴体分割的肉牛必须选自于安全的非疫区，具有非疫区证明书和产地检疫证明书的健康牛，按《肉品卫生检验试行规程》《肉类加工卫生要求暂行规定》和本试行规范屠宰加工，并经兽医卫检人员宰前宰后检验合格。

（2）用于分割加工的牛肉必须不低于出口鲜牛肉三级品标准。色暗、肌纤维粗的老公牛不得用于分割加工，三级品标准为：肌肉发育较次，有椎骨尖、坐骨及髋骨结节显著突出，第8肋骨至坐骨结节间有小面积脂肪。

（3）分割牛肉不得有炎症、水肿、脓肿、瘀血、伤斑等病变。

（4）分割牛肉必须肉质新鲜，清洁卫生，整形美观，冷冻适宜，无血污、粪污、浮毛、杂质、碎骨、软骨等。

（5）应修去全部皮下脂肪及切面外露脂肪、修掉板筋、筋腱、筋头及肉尸表面的大血管、外露淋巴结、疏松结缔组织等，修割应平整美观，不得深修或透腔，保持肌膜完整、肉块完整。

2. 胴体生产规范

（1）放血。

（2）剥皮。

（3）去除消化、呼吸、排泄、生殖及循环系统的内脏器官。

（4）胴体修整的其他步骤：①在枕骨与第一颈椎骨之间垂直切过颈部肉将头去除；②在腕骨与膝关节间及跗骨与跗关节间切开去除前后蹄；③在荐椎和尾椎边接处去掉尾；④贴近胸壁和腹壁将结缔组织膜分离去除；⑤去除肾脏、肾脏脂肪及盆腔脂肪；⑥去除乳腺、睾丸、阴茎以及腹部的外部脂肪包括腹脂、阴囊和乳腺脂肪。

3. 肉块分割与修整操作规范　胴体分割根据不同要求，分割的精细程度不同，在本规范中分为四分体带骨分割和部位肉的去骨分割两部分。

（1）四分体带骨分割

1）从脊椎骨中间将牛体纵向劈开分成二分体操作时，自胴体尾根部开始，沿脊椎骨正中间直到颈端，用刀将背部肉割开割透，再以专用的劈半电锯沿脊椎骨正中垂直劈开，将胴体分成两半。

2）对悬挂的二分体用刀紧贴在第 11～12 肋之间，将二分体切开形成四分体。

（2）部位肉的去骨分割　四分体按胴体上部分进一步分割而成的部位肉（剔净牛骨）共 14 块，具体分割与修整操作如下：

1）牛柳（tenderloin）　牛柳也称为里脊，即腰大肌。分割时先剥皮去肾脂肪，沿耻骨前下方把里脊剔出，然后由里脊头向里脊尾，逐个剥离腰横突，取下完整的里脊。修整时，必须修净肌膜等疏松结缔组织和脂肪，保持里脊头完整无损。保持肉质新鲜，形态完整。

2）西冷（striploin）　西冷也叫外脊，主要是背最长肌。分割时先沿最后腰椎切下，再沿眼肌腹壁侧（离眼肌 5～8 cm）切下，并逐个将胸、腰椎剥离。修整时，必须去掉筋膜、腱膜和全部肌膜。保持肉质新鲜，形态完整。

3）眼肉（ribeye）　眼肉主要包括背阔肌、肋最长肌、肋间肌等。其一端与外脊相连、另一端在第 5～6 胸椎处，先剥离胸椎，抽出筋腱，然后在眼肌腹侧距离为 8～10 cm 处切下。修整时，必须去掉筋膜、腱膜和全部肌膜。同时，保证正上面有一定量的脂肪覆盖。保持肉质新鲜，形态完整。

4）上脑（high rib）　上脑主要包括背最长肌、斜方肌等。其一端与眼肉相连，另一端在最后颈椎处。分割时剥离胸椎，去除筋腱，在眼肌腹侧距离为 6～8 cm 处切下。修整时，必须去掉筋膜、腱膜和全部肌膜。保持肉质新鲜，形态完整。

5）胸肉（brisket）　胸肉即牛胸部肉，在剑状软骨处，随胸肉的自然走向剥离，取自上部的肉即为牛胸肉。修整时，修掉脂肪、软骨，去掉骨渣。保持肉质新鲜，形态完整。

6）肋条肉（rib cut）　肋条肉即肋骨间的肉，沿肋骨逐个剥离出条形肉即是肋条肉。修整时，去净脂肪、骨渣，保持肉质新鲜，形态完整。

7）臀肉（beef rump）　臀肉也叫尾龙八，主要包括半膜肌、内收肌、股

薄肌等。分割时沿半腱肌上端至髋骨结节处，与脊椎平直切断上部的精肉即是臀肉。修整时，去净脂肪、肌膜和疏松结缔组织。保持肉质新鲜，形态完整。

8）米龙（topside） 米龙又叫针扒，包括臀股二头肌和半腱肌，又分为大米龙、小米龙。分割时均沿肌肉块的自然走向剥离。修整时必须去掉脂肪和疏松结缔组织。保持肉质新鲜，形态完整。

9）膝圆（knuckle） 膝圆又叫霖肉或和尚头，主要是臀股四头肌。当米龙和臀肉取下后，能见到一块长圆形肉块，沿自然筋膜分割，很容易得到一块完整的肉块。修整时，修掉膝盖骨，去掉脂肪及外露的筋腱、筋头，保持肌膜完整无损。保持肉质新鲜，形态完整。

10）黄瓜条（silverside） 黄瓜条也叫会牛扒，分割时沿半腱肌上端至髋骨结节处与脊椎平直切断的下部精肉。修整时，去掉脂肪、肌膜、疏松结缔组织和肉夹层筋腱，不得将肉块分解而去除筋腱。保持肉质新鲜，形态完整。

11）牛腩（beef flank） 分割时，自第11～12肋骨断面处至后腿肌肉前缘直线切下，上沿腰部西冷下缘切开，取其精肉。修整时，必须去掉外露脂肪、淋巴结，保持肉质新鲜，形态完整。

12）牛前（beef neck） 牛前即颈脖肉，分割时在第11～12肋断面处，沿背最长肌下缘直向颈下切开，但不切到底，取其上部精肉。修整时，必须修掉外露血管、淋巴结、软骨及脂肪，保持肉质新鲜，形态完整。

13）牛前柳（triangle meat） 也叫辣角肉，主要是三角肌，分割时沿着眼肉横切面的前端继续向前分割，可得一圆锥形的肉块，即是牛前柳。

14）牛腱（beef shank） 牛腱分为牛前腱和牛后腱。牛前腱取自前腿肘关节至腕关节处的精肉，牛后腱取自后腿膝关节至跟腱的精肉。修整时，必须去掉脂肪和暴露的筋腱，保持肉质新鲜，形态完整。

（四）秦川牛腊牛肉加工技术规范

腊牛肉指以牛肉为原料，经过腌、煮、晾等生产工艺调制而成的，具有硬度适中、颜色淡红且均匀、切面有光泽、口感清香淡雅等特点的西北风味食品。

1. 选料 选自健康的秦川牛，屠宰后的牛胴体应放血良好。每块剔骨肉保持自然完整性，去筋腱、结缔组织、腊膀及骨渣，无血、毛、泥污染，每块

2～2.5 kg。

2. 拨血　用清水清洗肉块，在水池或缸内浸泡12～24 d，冬季10 d，夏季0.5 d。夏季应每天换水2～3次，冬季每天换水1～2次。拨净血水，捞出淋干。

3. 腌制

（1）腌制用的盛具如缸、瓮、大盆等，一定要清洗干净，无沙泥和其他气味；压肉用的石块或石板必须清洗干净。

（2）腌制的温度最好保持在10～15℃，水温不低于4℃。

（3）腌制的时间，自然条件下春秋宜7 d，冬季宜14 d，夏季宜3 d左右（不一定腌透）。

（4）腌渍液的配置，按50 kg水＋硝石（亚硝酸钠）65～75 g＋盐5～7.5 kg比例配成硝盐液，以腌没肉块为宜（也可按腌渍的肉量来定，即50 kg牛肉中加入300 g硝盐），切忌用火硝（快硝粉）腌制。

（5）腌渍过程中应每天早晚检查一次缸内的水溶液，以透明、无絮、无异味为正常。如发现池内粉红液混浊，有气泡、棉絮状物或恶臭味时要立即更换；每天要上下翻缸2次，确保腌渍均匀；较大肉块要用刀戳若干个孔，确保腌透；硝和盐在腌制过程非常关键，对牛肉表里一致地呈鲜红色和保持肌纤维鲜嫩及风味有独到之处，但硝和盐都不能超标；未腌透的牛肉煮熟后，切面往往呈暗黑色的同心圆。

4. 煮肉

（1）多采用大锅或桶子锅或蒸汽锅煮肉，锅底应放入一层牛骨以防牛肉粘锅。同时也可以加入一些牛油，煮的肉香味浓郁。

（2）每锅下肉量以200～250 kg为宜。

（3）每锅调料配制：颗粒盐7.5 kg，小茴香1.0 kg，大香0.1 kg，桂皮0.1 kg，草果0.8 kg，丁香少许。

（4）火候

大火攻开：立即打去血沫，切忌煮肉时给锅里加硝。

二次打沫：煮上30～40 min时，再次打沫，直至沫被打完，显示出油团来（上浮一层油），形成一层“油盖”淹没肉块。

文火焖煮：二次打沫后，用重物将肉压入水面下，用文火煮。牛肉块在油下面焖煮4～7 h不等，具体视牛肉老嫩和年龄大小来定。注意肉块不能露出水面，否则肉会变黑。

肉熟程度视底层和顶层肉块坚硬度而定。出锅时遵循“夏温出，冬热出”的原则，这样煮的肉鲜净、美观。

5. 摊凉　凉至室温（5～15℃），无蒸汽散发。

6. 包装　腊牛肉加工好后，按标准进行分切称重，真空铝箔内包装，应再一次高压灭菌处理，使产品的保质期长达半年以上。

7. 保存　室温在6个月以上。

8. 腊牛肉的评定　见表10-2。

表10-2　腊肉感官指标

项目	指标	
	一　级	二　级
色泽	淡红，切面有光泽，颜色均匀	暗红，切面有光泽，颜色不太均匀
口味	特具清香淡雅	清香味浓或无
组织	硬度一致	硬度不一致

二、秦川牛主副产品鲜销与深加工及营销途径

对牛产品全面开展深加工，是大幅度提高经济效益的重要途径。

（一）秦川牛主副产品鲜销与深加工

1. 牛肉保鲜冷藏　牛肉的冷却或冻贮一般采用人工冷却后，分一段冷却和两段冷却。冷却后的胴体按不同种类、不同等级分开冻结、冷藏。

2. 牛肉制品加工　屠宰后的牛肉，除分割、冷藏后外销外，有相当一部分加工熟制后批量销售，使效益成倍增加。牛肉制品加工分两类：一类属低层次的初加工，即在牛肉分割后，洗净腌制，煮至成熟，然后冻结冷藏，多销往南方省市做进一步深加工用；另一类属牛肉深加工制品。如“牛肉”“牛肚”“牛足”“牛鞭”等系列产品。

工艺流程及要点是：

切块：屠宰后按部位分割，修去筋腱、结缔组织、瘀血等，将牛肉切成重300～500 g肉块。

腌制：将肉块拌入3%的食盐，0.2 mg/kg的硝酸盐与亚硝酸盐混合物以

及五香调料粉等，充分搅拌均匀后，放入腌制罐加盖，0～4℃腌制 48～72 h。

煮制：先将调味料和食盐放入，煮出香味后再放入肉块，大约 40 min 至 1 h 即可出锅。

冷却装袋：将煮制好的肉块，进行切块，定量装入铝箔袋中，数量一般 200～250 g。在真空封口机上将铝箔袋抽空密封，真空度 46.66～53.33 kPa。

杀菌：温度升至 121℃，恒温一般 50 min 左右。

保质检查：38～40℃保温 1 周，如无胀袋即为合格。贴上标签，加套印商标图案的塑料袋，密封后装箱，可存贮或上市。

3. 骨制品加工　目前，骨加工产品已由以前纯粹的骨粒发展到骨角雕工艺品、骨粒、生化蛋白制品共三大类。

骨角雕工艺：在收购的牛骨中，挑选出优质腿骨及牛角，经精细雕刻加工，成为具有装饰、观赏、健身实用的骨球、纽扣、骨包、人物象等；角雕系列产品有：牛角拐杖、角雕大鹏鸟、茶具、帆船等。

骨粒系列产品：主要包括骨粒、骨粉、蹄角粉、骨油等，是化学工业、饲料生产不可缺少的原料，用于胶卷、录音、录像带、润滑油及肥料、饲料生产等。其制作流程是：杂骨浸泡去污—放入蒸罐高压蒸 4 h，除去骨屑等物并提取骨油、骨胶—自然干燥—粉碎、过筛—包装。

生化蛋白制品：利用生产骨粒系列产品过程中的蒸骨废水，经过多道工序过滤、浓缩、消毒而成。现已申报国家专利，其成品是制药、食品、饮料等重要的原料，含有人体所需的多种氨基酸。其工艺流程为：蒸骨水收取→进入浓缩罐浓缩→真空高压灭菌→药化→喷化→成品、分装。

4. 皮革制品加工　目前，牛皮制革采用的主要工艺是：去肉去皮→浸碱→鞣制→复鞣→贴板→干燥→磨革→喷浆→成品。

（二）秦川牛主副产品营销途径

长期以来，从事秦川牛出口贸易的企业一直按国家规定的渠道出口供货，在宣传方面所做的工作比较少，致使秦川牛这一“国之瑰宝”的产业化和外贸出口一直处于有实无名的境地。

自 2002 年开始，原经贸部对陕西省提出创建实施秦川牛品牌战略的要求，各公司分别申请注册了自己的秦川牛品牌，开始了秦川牛活牛出口品牌经营的时期。如秦川牛业、秦宝牧业参展 2016 年中国西部畜牧业博览会暨产业创新

发展论坛；秦宝牧业亮相2016年“食尚杨凌”绿色食品西安行展销活动，来自秦宝牧业的秦府宴、五香腊牛肉、酱牛腱等熟食系列产品亮相本次活动，受到古城市民和广大游客的热烈欢迎等。还有网络营销，通过秦宝天猫旗舰店、秦宝京东旗舰店、秦宝阿里巴巴旗舰店等电商平台，为消费者提供优质、便捷的服务。秦宝牧业在全国建立了完整的市场营销体系。

三、新产品开发潜力

目前，陕西秦宝牧业股份有限公司、陕西秦川牛业有限公司研制开发了系列酱、腊、红烧牛肉熟制品及生鲜制品4大类90多种，还有牛皮、牛骨、牛内脏的深加工以及腺体组织的生物制药等。

随着社会经济发展，人们饮食水平的不断提高，牛肉食品在日常生活中占有越来越重要的位置，满足市场供应和确保牛肉的质量安全问题越来越受到消费者和各级监管部门重视，对标识认知程度越高的绿色牛肉的购买意愿越强。与普通牛肉相比，高品质绿色牛肉具有牛源品种优良、饲养手段科学完善、育肥期长、肉品质突出、营养价值高、质量全程可控等特点，但目前国内市售的普通牛肉价格多在30～40元/kg，而高品质绿色牛肉可达130～170元/kg，部分顶级肉品甚至达到3 000元/kg。

牛的副产品的综合利用具有很大的潜力。牛骨中的矿物质钙是骨中的主要矿物质成分，而且是人体需要补充的矿物质成分，骨中的其他矿物质成分与钙的搭配合理，是人体补充矿物质的最佳资源，可以利用高压脉冲电场快速酸解方法溶解骨钙，建立生产离子化骨钙及骨变性蛋白的生产线。研究表明，牛骨利用高电压脉冲电场快速酸解方法溶出率达99%。牛血除了可以制作用途广泛的生化试剂—牛血清白蛋白，还有其他用途。牛血中最具经济价值的便是天然补血剂—血红素铁及其新产品的生产，影响其规模化生产的一个重要问题就是其中二价铁的保护，可以一方面通过高效抗氧化剂最大限度保护其中的二价铁不被氧化，另一方面通过还原剂使少量被氧化的二价铁重新还原，实现血红素铁及其新产品的稳定及质量保证。牛血中含有丰富的蛋白质和矿物质，牛血中的血浆蛋白和球蛋白可作为新型添加剂应用于灌肠类肉制品和焙烤类食品中，提高产品质量和得率，血红素生产合成卟啉锌可作为天然红色素应用在食品中，颜色稳定且补充人体所需营养。此外，牛血中提取高价值凝血酶和铜、锌超氧化物歧化酶的工艺也日趋成熟，对减少牛血废弃造成的环境污染，变废为宝都有积极的意义。

第三节　品种资源开发利用前景与品牌建设

一、秦川牛利用途径主要发展方向

20 世纪 50 年代，为满足农业生产的役用需要，秦川牛向“役用”选育；到 60 年代，改为以“役用为主”的选育方向；70 年代，为适应国民经济发展的需要，选育方向为“役肉兼用”；80 年代初期（至 1985 年），仍是坚持“役肉兼用”；80 年代中后期（1986 年以后）开始，由于农业机械化水平的提高，耕牛在农业生产中的作用相对下降，秦川牛从“役用为主”转变为“肉役兼用”。进入 21 世纪，为满足社会经济发展和人民膳食结构改善及市场发展变化的需要，技术界形成共识，秦川牛选育方向为“肉用选育”。

秦川牛转型的主要目标：一是要提高母牛的泌乳量。中国黄牛泌乳量普遍低，母乳不足，不但影响犊牛哺乳期的生长发育，而且影响犊牛断奶后的生长发育；二是要适当增大秦川牛的体型，加快生长速度。成年秦川牛的体重，公牛 500～700 kg，母牛 400～500 kg，犊牛初生重 22～28 kg，一般育肥期日增重 600～800 g。这和世界上一些大型肉用品种相比，不仅日增重和生长发育缓慢，而且成年体重也相差甚大；三是改善秦川牛的前大后小（前强体型）为前小后大（后强体型），提高产肉量及优质切块在胴体中的比重；四是保留陕西关中群众历来喜爱的“紫红”毛色和抗寒、耐热、耐粗饲、适应性强的特点。

目前，工作的主要方向是做好秦川牛种质资源的保护和开发利用。在重点保种区要严格选种选配，加强秦川牛种群动态监测，完善秦川肉牛开放式育种体系，实现保种场与周围保护区动态结合，适时选拔优秀个体进入保种群和育种核心群，淘汰秦川牛保种群、秦川肉牛育种群不符合种用标准的个体。继续加强产学研合作对秦川牛抗逆、耐粗饲、肉质好优良遗传资源挖掘保护和创新利用。完善秦川牛保种场、秦川肉牛良种扩繁基地、商品肉牛生产区三级结构的良种繁育体系，发展现代肉牛业，必须立足我国地方黄牛资源，不断加强肉用选育改良，积极培育具有自主知识产权和富有中国特色的优质肉牛新品种。

二、秦川牛产品市场开拓

与国外品种相比，秦川牛肉风味浓郁、多汁细嫩的特点更契合国内和部分

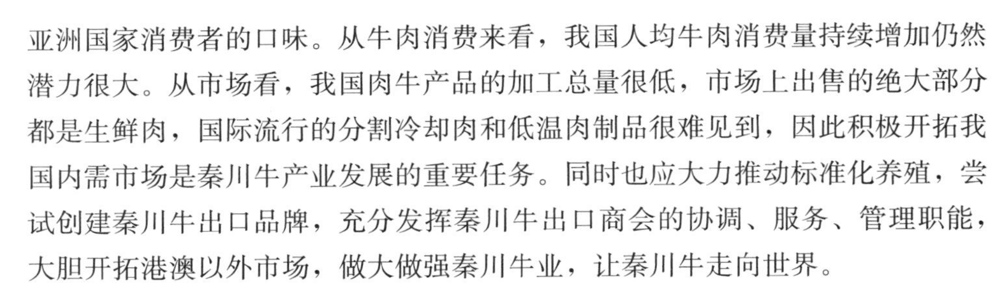

亚洲国家消费者的口味。从牛肉消费来看，我国人均牛肉消费量持续增加仍然潜力很大。从市场看，我国肉牛产品的加工总量很低，市场上出售的绝大部分都是生鲜肉，国际流行的分割冷却肉和低温肉制品很难见到，因此积极开拓我国内需市场是秦川牛产业发展的重要任务。同时也应大力推动标准化养殖，尝试创建秦川牛出口品牌，充分发挥秦川牛出口商会的协调、服务、管理职能，大胆开拓港澳以外市场，做大做强秦川牛业，让秦川牛走向世界。

秦川牛产品市场的开拓应在巩固现有市场的基础上着眼于开辟新的产品和国际市场领域，服务于产业发展战略的需要，在深入分析市场需求的基础上，以打造秦川牛品牌核心竞争力为根本，以扩大市场占有率为目标，动态适应内外部环境变化，充分整合利用内外部资源，使管理秦川牛产品出口的政府部门和经营秦川牛出口的企业能够持续、健康、快速地发展。

秦川牛出口的市场分为出口贸易方式、出口市场、出口产品等方面。出口贸易方式可分为易货贸易和现汇贸易。现货贸易又可分为一般贸易出口、进料加工和边境小额贸易等。秦川牛出口的易货贸易方式曾于20世纪90年代初和独联体做过几年，后来因各种原因中止了。一般贸易出口在现在国内牛肉出口中所占比重最大。按出口市场分，国际市场上牛肉的进出口国主要是发达国家，他们同时既进口牛肉也出口牛肉，一是依靠进口解决本国牛肉消费的国家，如马来西亚、科威特、韩国、日本、埃及等，这是我们的潜在市场；二是需要进口调剂本国需求的国家，如美国、俄罗斯、英国、意大利、荷兰、丹麦等国，经营秦川牛的企业应从提高自身产品质量水平、卫生标准入手，争取达到这类国家的市场进口标准；三是牛肉需要进口，但支付能力不足的国家，大部分是发展中国家，这些低收入国家可以作为贸易伙伴，可通过经济合作，开发资源及产业，以进出口贸易相互调剂，提高他们的支付能力，出口我们的牛肉，他们对产品不挑剔，发挥各自的产业优势，建立共同合作的伙伴关系，也具有成为我国出口市场的潜力，政府可以通过组织商会和企业参与双边经济合作和对外援助项目的方式打开市场销路。

活牛出口市场是秦川牛传统出口市场，港澳的活牛市场仍是今后一段时期经营秦川牛出口企业需要巩固并继续扩大的重点市场。冷鲜牛肉市场是经营秦川牛产品的企业传统上开发较少的市场，这一市场也分为高档和低档两个市场，对秦川牛产品来说，努力争取开拓世界高档冷鲜牛肉市场应该是今后重点关注的一个领域。需要进口解决本国牛肉消费的国家也是秦川牛出口重点目标市场之一。世界加工牛肉制品市场属于一般市场，其价格低于冷鲜牛肉，我国的加工牛肉主要出口到日本、韩国和中国香港地区，秦川牛加工牛肉制品市场领域前景非常广阔，经营秦川牛出口企业可以加大资金投入，提高产品质量和卫生标准，努力打开国际市场。牛肉需要进口但支付能力不足的国家也属于一般市场范围，具有成为秦川牛市场的潜力。小牛肉和专用品种肉牛牛肉以及牛杂碎市场也属于密切关注的牛肉出口目标市场。目前，按照国家“十三五”规划和“一带一路”战略发展目标，陕西秦川牛业有限公司积极开拓创新，采取“走出去，请进来”适应国际市场大循环，在各级政府及有关部门的重视支持下，经过一年多的筹措规划，陕西秦川牛业澳洲牧场于 2015 年 6 月 16 日在澳大利亚墨尔本市当地成立。陕西秦川牛业有限公司在海外建起了第一个生产基地。

因此，在秦川牛出口市场开拓上，应该按照生产标准化、商贸国际化、技术普及化、经营规模化的原则，立足陕西关中地区丰富的秦川牛资源、饲草秸秆资源和农村劳动力资源，以不断增长的国内、国际牛肉市场需求为导向，以秦川牛活牛出口和优质秦川牛肉生产及出口为目标，走“区域化布局、规模化发展、专门化生产、集约化经营、产业化开发”之路。

三、秦川牛资源特性及其利用的深度研发

秦川牛是我国畜牧业生产和发展的一种珍贵的自然资源，是陕西古老的优良地方品种，繁育历史悠久。秦川牛的形成，与长期饲喂具有“牧草之王”美称的紫花苜蓿有重要关系。自公元前 126 年，张骞出使西域带回苜蓿种子，在陕西关中地区广为种植，用以喂牛，使秦川牛的品质发生了显著变化，体型、肉质得到提高。八百里秦川地势平坦、土地肥沃，关中地区自然条件优越、气温温和，古代有“膏壤沃野千里”和“天府地海”之称誉。这里广泛种植小麦、玉米、豌豆、棉花以及苜蓿等，饲草资源丰富，为发展秦川牛提供了丰富的物质基础。

长期以来，关中农民积累了丰富的选种配种、选优汰劣、精心喂养的经验。如“寸节草，铡三刀，不上料，也长膘”“有料无料，四角拌到”“勤添少给，先饮后喂”等口诀，世代传习，形成了一套科学有效的饲养方法。新中国成立后，相继建立了多处种牛繁育场，并扩大苜蓿种植面积，推广青贮饲料、人工授精，实行科学养牛，促使秦川牛质量巩固提高，数量迅速发展。秦川牛

已载入《中国牛品种志》《中国土特名产》等书，曾载入法国出版的《世界名牛图谱》中，被列为珍畜。

目前，国际市场牛肉进一步影响国内牛肉消费结构，但短期内不会全面冲击本土牛肉生产，进口牛肉的成本优势势必继续给国内牛肉市场带来压力，但同时也有利于改善国内牛肉的生产模式，淘汰一批生产效益低的肉牛养殖组织和企业。在过渡性的农产品贸易配额保护政策的红利逐渐消散的情况下，中国的牛肉市场将更加融入国际市场。未来的肉牛产业链将在全球进行要素布局，未来的牛肉进出口贸易除了反映国别属性，还具有明显的资本属性，未来的肉牛产业将会明显依赖农产品期货市场的波动，如豆粕期货价格明显影响肉牛养殖成本。

因此，我们要将科技成果用于秦川牛资源保护和肉品质提高等方面，提高秦川牛在国际和国内牛肉市场的竞争力。今后将利用现代分子生物学技术手段，以常规育种、计算机等技术结合分子生物学、数量遗传学等基础理论，进一步纯化、优化秦川肉牛新品系，加快秦川肉牛肉用新品种的选育过程。

四、充分利用秦川牛品种资源特性

2008年以来陕西省农业厅依托陕西秦宝牧业股份有限公司积极探索推广肉牛产业发展的“秦宝模式”，秦川牛产业取得了快速发展。

陕西秦宝牧业股份有限公司立足一体化经营模式，以效益最大化为最终目标，根据各产业链环节的生产特点，选择最优的生产模式，形成了以“低成本繁育、高效率育肥、精深化加工、大品牌经营”为核心的秦宝盈利模式。

（一）低成本繁育

秦宝牧业在犊牛的繁育环节，采取分散化合作繁育模式，在秦宝牧业产区周边的山区及浅山区的农村发展养殖基地村、合作养殖母牛、繁育秦宝犊牛。

该模式是秦宝牧业将犊牛繁育环节部分转移到基地村，充分利用其大量闲散劳动力、玉米秸秆等农副产品的资源优势，较大幅度地降低了公司人工、管理、饲料、设施及土地等投入，从而保障秦宝牧业犊牛繁育成本的最小化。

（二）高效率育肥

育肥环节，秦宝牧业采取集中的工厂化育肥模式，建立适度规模、科学管理的现代化育肥场，利用秦宝牧业自己研发的育肥技术及饲料配方技术，依据秦宝牛和秦川牛不同的市场定位和生长特点，分别采取直线育肥和短期育肥方式，进行集中的工厂化育肥。

相对于分散养殖或小规模育肥等低效率育肥模式，秦宝牧业的工厂化育肥模式不仅有效缩短育肥周期、提高育肥牛生长速度，更重要的是增加其脂肪沉积程度、提高高品级牛肉的出肉率，从而实现育肥环节投入产出效率的最大化。

（三）精深化加工

屠宰加工环节，秦宝牧业采取现代化的精深加工生产模式，一方面利用领先的屠宰分割工艺精细化分割牛胴体，严格区分牛肉的高低品级和不同部位，进行差异化的定价和市场定位；另一方面秦宝牧业利用先进的深加工技术把秦川牛普通部位肉进一步加工成常低温熟食等产品，将低价值部位肉转化为高附加值的深加工产品。

秦宝牧业的这一模式实际上是一种融合产品设计理念的现代化加工生产模式，利用一流的加工技术工艺，实现高品级牛肉的高端化、高价化，普通品级牛肉的高附加值化，从而最大化挖掘产品的增值空间。

（四）大品牌经营

营销环节，秦宝牧业采取品牌经营战略，以“育中国肉牛第一品种，创中国牛肉第一品牌”为战略目标，将产品始终定位于国内中、高端牛肉市场，不断打造“绿色、健康、安全”的品牌形象，秦宝牧业借助于全国性经销商渠道、麦德龙等大型连锁商超渠道等，将产品推向以北京、上海、广州、深圳、西安等一线城市为核心的全国市场。

秦宝牧业的这种推广模式是一种全国性的大品牌营销模式，利用精心打造的良好品牌形象和中高端的品牌定位，极大提高产品的议价能力，实现秦宝牧业产品销售收入和利润的最大化。

五、独特的包装

秦川牛胴体分割包装规格有以下要求。

（一）纸箱要求

包装纸要求坚固、清洁、干燥、无毒、无异味、无破损，每箱净重 25 kg，超过或不足者只准整块调换，不得切割整块肉。不同部位肉且忌混箱包装。

（二）分割肉块包装规范

1. 牛柳　将里脊头拢紧，用无毒塑料薄膜包卷，牛柳过长可将尾端回折少许包卷。

2. 西冷　将两端向中间轻微骤拢卷包，保持原肉形状。

3. 眼肉、上脑　用无毒塑料薄膜包卷，保持原肉形状。

4. 臀肉、膝圆、米龙、黄瓜条、牛前柳　均用无毒塑料薄膜逐块顺着肌肉纤维卷包。

5. 牛腩　将其肋骨迹线面向箱的底部，用无毒塑料薄膜与上层肉块隔开。

6. 牛胸　用无毒塑料薄膜间隔，摆放平整无空隙，底部与上部肉块的摆放方法均是带肋骨迹线的一面朝外。

7. 牛腱　用无毒塑料薄膜分层间隔，牛腱的腹面向箱底。

8. 牛前　用无毒塑料薄膜包装，带肌膜的一面朝外，装箱要求平整无空隙。

秦川牛领军企业秦宝牧业是全国首家农场到餐桌全程肉牛质量安全追踪系统实施单位，建立了一整套与国际接轨的牛肉质量安全可追溯系统，形成了国际一流的现代化流水线。从屠宰到排酸，从分割到冷藏，每一个流程都在专业、无菌条件下进行，屠宰过程中确保刀刀消毒，屠宰线上白脏、红脏进行同步卫生检验，整个生产过程严格按照 ISO 9000 质量管理体系及 HACCP 食品安全质量体系运行。所有产品采用高阻隔真空包装，从库房到商场全程恒低温密封车运输，保证了牛肉的鲜美。

六、秦川牛文化宣传

2004 年成立的陕西省秦川牛产业协会由陕西省境内从事秦川牛生产（包括养殖、育种、肉畜专用饲料、设备、药械生产、肉产品加工与流通）、经营、管理、科研、培训、推广的各种所有制形式企业或科研院所以及个人自愿组成，具有社会团体法人资格的专业性行业组织。协会主要围绕以下九个方面开展业务：①宣传党和政府有关发展畜牧业方面的方针、政策、法规等，在秦川牛发展中正确发挥服务、自律、维权的作用。②发展壮大协会组织，建立秦川牛行业的行规、行约和管理制度，加强协会自身建设。③调查研究本行业发展变化情况，向政府反映企业的要求和愿望，为政府制定政策提供依据。④建立信息网络，为秦川牛企业和养牛农户提供信息服务。⑤举办与秦川牛产业有关的商品交易会，组织行业内部开展各种协作和经验交流。⑥积极发展与国外境外相关行业的交往，开展经济与技术等方面的合作与交流。⑦接受企业委托，组织专家对企业的经营管理提供咨询、策划、培训服务。⑧加强行业职业道德建设，提高全体成员素质。⑨接受并完成政府部门委托的各项任务。2019 年协会会员 210 名，区域遍及渭南、汉中、陕北、陕南以及关中地区。协会遵照陕西省委省政府指示和要求，将以陕西省秦川肉牛良种繁育中心为核心，联合秦川牛规模化养殖大户、科研院校、屠宰加工企业、外贸出口单位等团体，通过对牛源、技术、项目、信息、品牌等资源进行有机整合，大力推行标准化生产，加快秦川牛品种选育和品种改良、提高秦川牛的生产质量和品质，推行原产地保护标记注册的使用制度，形成秦川牛的核心竞争优势。同时引导会员单位促进和国外同行业在活牛、牛肉制品贸易等方面建立广泛深入的合作，积极打造秦川牛优势品牌。

西北农林科技大学为了加大对外技术宣传普及，提高群众养殖秦川牛的积极性，先后编著推广了《中华牛文化》《秦川牛饲养与肥育》《秦川牛标准综合体》《肉牛高效益饲养法》《肉牛新技术》《新编肉牛饲养配方 600 例》《牧草生产与深加工利用技术》等技术图书资料 15 000 多册。每年开展技术培训及咨询人数达到 2 000 多人次。配合中央电视台 7 套节目组录制肉牛养殖专题片 7 套。总结出了“秦川牛精神”，即：九牛爬坡个个出力的合作精神，抵不倒南墙不回头的拼搏精神，披荆斩棘锐意进取的开拓精神，脚踏实地永不松套的实干精神，负重奋进不甘落后的争先精神，生命不息耕耘不止的奉献精神。通过举办中国秦川牛节和杨凌农高会秦川牛大赛，以及在首届中国农民丰收节杨凌分会场向公众全面展示秦川肉牛新品系的风采，大幅度提高了群众养殖秦川牛的积极性。

（王淑辉、孙秀柱、昝林森）